일반화학실험

일반화학실험편찬위원(가나다순)

공명선, 김승회, 김유혁, 김종규, 김혁한, 안용현,

임홍빈, 장원철, 조병기, 최영봉, 허영덕, 황청수

일반화학실험

2017년 2월 10일 초판 인쇄
2022년 2월 15일 6쇄 발행

펴낸이 _ 김수복
기 획 _ 김남필
제 작 _ 성두현
마케팅 _ 김민배
펴낸곳 _ 노스보스
등 록 _ 1968.2.27 : No. 제03-00095호
주 소 _ 경기도 용인시 수지구 죽전로 152
전 화 _ 031-8005-2405
팩 스 _ 031-8021-7154

값 14,000원

ISBN 978-89-7092-569-1 03430

일반화학실험

일반화학실험편찬위원회 편

nosvos

머리말

자연을 이해하기 위해서 과학자들은 과학적 방법이라고 하는 접근법을 이용하는데, 그 중 한 단계인 “실험”을 경험할 수 있는 좋은 기회가 일반화학실험이다. 이공계 학생들에게 필수 교양 과목 중 하나인 일반화학과 일반화학실험은 화학을 전공하는 학생부터 기타 자연계, 공학, 의학, 보건학 등을 전공하고자 하는 모든 학생들에게 있어 중요한 기초 과목이며, 더 나아가서는 의•치의학 교육 입문 검사나 약학대학 입문 자격 시험의 희망자들이 급증하면서 다양한 계열의 학생들이 관심을 갖는 과목이다. 일반화학은 교수자의 강의를 통하여 화학에 대한 이론 및 법칙을 배우는 학문이며 일반화학실험은 일반화학에서 배운 내용들을 수강생들이 직접 실험을 통하여 검증해 보는 수업이라 할 수 있다. 따라서 일반화학실험 수업은 책에서 나온 내용에 대한 단순한 습득이 아니라 실험 전 보고서의 작성을 통해 미리 실험에 대한 계획을 세우고, 조원들과 협력하여 실험을 진행하며, 실험 후 결과 보고서의 작성을 통해 실험 결과의 이해와 실험 과정의 문제성을 되짚어볼 수 있는 총체적인 과정의 수업이다.

본 일반화학실험 교재는 실험실 주의 사항과 실험 기구에 대한 설명을 비롯하여 유리 세공부터 루미놀 반응까지의 1학기 과정과 밀도 측정부터 손난로 제작까지의 2학기 과정의 1년 과정이 포함되어 있다. 각 실험은 현재의 여건에서 실험 가능하며 일반화학 이론과 부합되는 내용과 과학에 흥미를 느낄 수 있는 실험들로 구성되었다. 실험 전 실험의 내용과 관련된 기초 이론의 설명과 실험 과정에 대한 방법, 그리고 주의 사항을 비롯하여 실험 과정 중 겪을 수 있는 문제점이 기록되어 있으며 실험 후 작성할 결과 보고서의 내용들이 수록되어 있다. 따라서 본 수업에서 교수와 조교는 올바른 실험을 위한 이론 및 실험 방법에 대한 방향을 제시하고, 학생들은 실험에 대한 계획을 세우고 조원끼리 협력하여 실험을 진행하여야 한다. 또한 실험실 안전 사고 예방을 위해 대응 매뉴얼을 항상 숙지할 수 있게 학생들에게 전파하고, 실험 진행 시 항상 교수와 조교의 역할과 책임이 필요하다. 이러한 과정을 이수하였을 때 학생들은 스스로 주어진 목적에 맞게 자료를 찾고, 이를 통해 실험 계획을 세우며 협력을 통한 실험을 수행하고, 마지막으로 결과를 분석하여 문제점을 확인할 수 있는 능력을 키울 수 있다.

본 교재는 이러한 취지를 가지고 그간의 일반화학실험 교재의 기초 내용을 크게 변화시키지 않으면서도 꼭 갖추어야 할 내용들과 학생들이 화학에 흥미와 관심을 가질 수 있는 몇 가지 재미있는 화학실험을 첨가하였다. 본 교재의 내용이 일반화학실험을 수강하는 모든 학생들에게 화학에 대한 흥미와 관심, 그리고 다양한 과학적 사고방식을 가질 수 있는 기회가 되기를 진심으로 바란다.

마지막으로 본 일반화학실험 교재의 출판에 노고를 아끼지 않은 단국대학교 출판부에 감사를 드린다.

2017년 1월 2일

지은이 대표 적음

차례

실험실 주의 사항

실험실에서 지켜야 할 주의 사항

화학실험은 3~4명의 학생이 공동으로 실험하여 주어진 시간 내에 그 결과를 얻어야 하기 때문에 다음 사항을 꼭 지켜야 한다.

1. 지도교수의 지시에 따른다.

실험실에 입실하여 퇴실할 때까지 모든 행동은 지도교수의 지시에 따른다.

2. 실험 내용을 잘 이해한다.

실험을 시작하기 전에 실험 교재와 기타 참고 도서를 이용하여 해당 실험에 대한 충분한 지식을 익히고, 실험의 목적, 원리, 방법, 조작 및 예상되는 결과 등을 충분히 이해하여야 한다. 만일 조금이라도 의심나는 곳이 있을 때는 지도교수와 상의한다.

3. 실험 교재에 따라 실험을 수행한다.

실험 교재에 따라 바르게 실험하되 지정된 결과를 얻은 뒤에 다음 조작을 하도록 한다. 시약의 용도와 분량은 반드시 교재에서 지정된 시약, 지정된 분량을 사용한다. 시약을 과량으로 넣으면 낭비가 될 뿐만 아니라 오히려 조작이 복잡해지며, 기대하는 정확한 결과를 얻을 수 없게 된다.

4. 침착하고 정숙한 태도로 관찰한다.

실험실에서는 조용히 하여야 하며, 다른 학생의 실험에는 상관하지 말고 자신의 실험에 열중하여야 한다. 실험 중에 일어나는 모든 변화는 그때 그때 노트에 기록한다. 실험 순서, 장치도, 색깔의 변화 등을 상세히 기록하여 보고서 작성에 참고한다.

5. 실험 환경과 기구는 항상 청결히 한다.

실험을 시작하기 전에 실험복을 착용하고, 실험실 및 실험대 위의 청결 상태를 확인하고, 필요한 실험 기구를 깨끗하게 씻는다. 시약은 흘리지 않도록 주의하여야 하며, 만일 흘렸을 때에는 깨끗이 닦아야 하고, 특히 강산, 강염기 등의 약품이 떨어졌을 때에는 많은 양의 물로 잘 씻는다. 액체 시약이나 용액을 싱크대에 버릴 경우, 많은 물을 흘려 보내 희석시키면서 버리고 싱크대도 깨끗이 씻는다. 그리고 종이 조각, 유리 조각, 성냥개비 등 물에 녹지 않는 고체 상태의 물질 등은 싱크대에 버려서는 안 된다. 실험이 끝나면 실험 장치를 분해하여, 실험을 시작하기 전의 상태로 정돈하고, 기구는 깨끗이 씻는다.

6. 약품 취급에 주의한다.

약품을 직접 손에 묻히거나, 맛을 보거나, 냄새를 맡는 일이 없도록 한다. 만약 냄새를 맡아야 할 일이 있을 때에는 얼굴을 그릇 바로 위에 가져가지 말고, 그릇 위를 손으로 쓸 듯이 부채질하여 소량의 증기가 자기 쪽으로 오게 하여 냄새를 맡는다.

7. 시약은 재확인하고 오염되지 않도록 한다.

시약은 병에서 내용물을 꺼내기 전에 시약병의 라벨을 다시 확인하고 필요한 양만큼만 취한다. 쓰다 남은 약품은 절대로 시약병에 다시 넣지 말아야 한다. 병마개가 붙어 있는 적하관을 제외하고는 시약병에 아무 것도 넣어서는 안 된다.

8. 안전에 항상 유의한다.

실험실에서는 아무리 바쁘더라도 뛰어다니지 말아야 하며, 뜨거운 유리는 시간을 충분히 주어 식히도록 하고, 위험한 약품을 취급할 때에는 보호 안경을 사용하고, 지시가 있을 때에는 반드시 배기(hood)가 딸린 실험대를 이용한다. 유독한 액체나 진한 염산과 암모니아수 같은 기화되기 쉬운 액체를 취할 때에는 고무구(filler)를 이용하면 편리하다.

9. 위험물에 특히 주의한다.

인화되기 쉬운 물질을 취급할 때나, 휘발성이 있는 물질을 취급할 때에는 실험을 시작하기 전에 만약의 경우에 대비한다. 필요한 소방 기구를 준비하도록 하고, 주위의 사람들에게 주의를 환기시켜야 한다. 만일 인화되었을 때는 물을 쓰지 말고, 모래나 걸레 등으로 덮거나 소화기를 사용하도록 한다. 미미한 사고일지라도 반드시 지도교수에게 보고하여 지시에 따르도록 한다.

10. 실험 후의 뒷정리를 잘 한다.

실험이 끝나면 장치는 분해하고 사용하였던 기구는 깨끗이 씻어서 시약병과 함께 제자리에 정돈하고, 기구는 반드시 지정된 장소에 두도록 한다. 마지막으로 실험실을 나갈 때는 전기, 수도, 가스에 이상이 없는가를 확인한다.

실험실에서의 사고 방지에 대한 유의 사항

화학실험은 위험이 따르는 실험이므로 아무리 주의를 해도 종종 사고가 일어나곤 한다. 따라서 안전하고 효과적인 실험을 하기 위해서 반드시 다음 사항을 지켜야 한다.

1. 가연성 및 인화성 물질을 취급할 때

가연성인 약품은 화재의 위험성이 있다. 특히 휘발성이 강한 용매, 즉 끓는점이 낮은 가연성 용매인 알코올, 아세톤, 에터, 석유 에터, 벤젠, 톨루엔, 자일렌, 이황화 탄소, 클로로폼, 아세트산 에틸 등을 사용할 때에는 각별히 화재 예방에 유의한다.

인화성 용매를 사용한 용액을 가열할 때는 넓적 바닥 플라스크나 삼각 플라스크를 사용하지 말고, 반드시 둥근 바닥 플라스크를 사용한다. 가열은 환류 냉각기를 사용하여 물중탕 내에서 해야 하며, 직접 불로 가열해서는 안 된다. 폭발의 위험성이 있기 때문이다. 특히 아세톤, 에터 및 알코올 등이 들어 있었던 병이 빈 병이 되었다고 해서 직접 불로 가열하면 폭발의 위험성이 있다.

2. 소듐 및 포타슘 등을 취급할 때

소듐, 포타슘, 황, 인 등은 자연 발화할 뿐만 아니라, 많은 양을 사용할 때에는 언제나 폭발할 위험이 있으므로 지시에 따라 주의하여 취급한다. 특히 소듐, 포타슘과 지방족 할로젠 화합물(예로서 클로로폼, 사염화 탄소)은 맹렬히 반응하여 폭발을 일으키므로 특히 주의해야 한다. 따라서 위와 같은 할로젠 화합물의 건조제로 소듐이나 포타슘을 사용해서는 안 된다.

이들 물질은 물과 격렬히 반응하기 때문에 물을 작용시켜서는 안 되며, 카바이드, 무수 염화 알루미늄, 염화 포타슘 등을 다량으로 사용할 때에는 특히 주의한다. 또 물에 황산을 가하여 희석할 때에는 많은 열이 발생하여 용기가 깨지기 쉬우므로 저어 주면서 서서히 가한다.

3. 폭발하기 쉬운 물질을 취급할 때

수소, 에틸렌, 산화 에틸렌, 아세틸렌, 에터의 증기 등과 공기의 혼합물은 폭발하므로 주의한다. 미지 시료의 녹는점을 측정할 때에도 먼저 폭발성을 확인한 후 측정한다. 특히 분해하여 가스가 급격히 발생하는 것은 위험하며, 나이트로 화합물은 모두 위험하다. 황산 중탕 중에서 측정할 때에는 잘못하면 폭발로 인해서 황산을 뒤집어쓰는 수가 있다.

봉한 관을 열 때에도 냉각시킨 후 젖은 헝겊으로 싸서 연다. 어떤 물질은 상온에서 열 때에 폭발하기 때문이다. 폭발을 막기 위해서는 충분히 냉각시킨 후 잘 싸고 손에도 젖은 헝겊을 감고 연다. 산화반응에서도 급격한 반응은 피해야 한다. 다이크롬산 포타슘, 과망간산 포타슘, 염소산 포타슘, 과산화 수소, 유기 및 무기 과산화물 등의 산화제를 취급할 때 폭발에 각별히 주의한다.

4. 증류할 때

증류, 농축 및 가열 등의 조작에서는 비등석을 사용한다. 도중에 넣으면 갑자기 끓는 현상(돌비)이 일어나 터질 위험성이 있으므로 일단 냉각시킨 후에 넣어야 한다. 활성탄이나 그 밖의 다공성 물질을 가열할 때에도 같은 주의가 필요하다. 진공 증류의 경우 외부 압력에 의해서 용기가 깨어지고 폭발하는 예가 있으므로 경질 플라스크를 사용하며, 장치에 세심한 주의를 한다.

실험실에서의 응급 처치법

1. 화재 및 화상

1) 의복에 불이 붙었을 때

의복에 불이 붙은 사람이 뛰면 불이 더 잘 타게 되므로 뛰지 못하도록 주위에서 붙잡고, 담요나 실험복 등으로 싸서 끄든지, 소화기나 샤워로써 소화한다. 사염화 탄소는 사용하지 않는 것이 좋다.

2) 약품에 불이 붙었을 때

먼저 불의 근원을 제거하고 인화성 용매를 재빨리 들어낸 후, 모래나 모포와 같은 것을 덮어씌

우고 두들기는 것도 유효한 소화법이다. 그러나 소화기를 사용하는 것이 가장 안전하다. 물은 사용하지 않아야 하며, 부득이한 경우에는 사염화 탄소를 소화제로 사용할 수도 있으나 이것은 다량을 사용해야 하고 또한 소량의 포스젠을 발생하기 때문에 사용 후에는 즉시 환기시키다.

3) 큰 화상

즉시 구급차를 부르고, 기다리고 있는 동안 환자를 따뜻하게 하고, 물을 마시게 하여 쇼크를 방지하여야 한다. 화상을 입은 곳은 외기에 노출시키고 의복이 탄 곳은 절단해 낸다.

4) 작은 화상

물을 묻혀서는 안 되며 곧 아연화 연고나 탄닌산 용액을 바른다. 5% 탄닌산 용액을 흠뻑 적셔 놓으면 24시간 후에 검은 딱지가 덮히고 새 피부가 생기면 떨어진다. 이때 탄닌산 대신에 피크린산의 수용액을 사용해도 좋다. 최후에 바셀린을 발라 공기를 차단한다.

2. 약품에 의한 사고

1) 산에 의한 화상

진한 황산이나 진한 질산 등 강한 산이 피부에 묻었을 때에는 즉시 다량의 물로 씻은 후 묽은 탄산 수소 소듐 용액으로 씻고 건조시킨 다음 아연화 연고를 바른다. 이때 탄닌산은 좋지 않다.

2) 알칼리에 의한 화상

진한 알칼리가 피부에 묻었을 때에는 즉시 다량의 물로 씻고 묽은 아세트산 용액으로 씻은 다음, 다시 물로 잘 씻고 건조시킨 후 아연화 연고를 바른다. 뜨겁고 진한 알칼리의 경우에는 진한 산의 경우보다 더 쓰리고 아프며 회복도 느리기 때문에 주의한다.

3) 브로민에 의한 화상

글리세린을 많이 바르고 문질러서 브로민과 반응시킨 후 닦아 내고 아연화 연고를 바른다.

4) 페놀에 의한 화상

먼저 알코올로 씻고 심하지 않을 때에는 붕대를 감는다.

5) 염소, 브로민 또는 황화 수소를 들이마셨을 때

즉시 앉거나 누워서 깊게 호흡한다. 할로젠을 들이마셨을 때에는 알코올로 적신 솜뭉치로부터 공기를 흡입한다. 많은 양을 들이마셨을 때에는 인공호흡을 하고 산소를 흡입한다.

6) 눈에 약품이 들어갔을 때

즉시 손으로 물을 떠서 충분히 씻든지 또는 흐르는 수돗물을 이용하여 충분히 씻은 후, 산에는 아주 묽은 탄산 수소 소듐 용액으로, 알칼리에는 묽은 붕산 용액으로 씻는다.

7) 눈에 유리 조각이 들어갔을 때

절대로 손으로 문질러서는 안 된다. 흐르는 수돗물을 이용하여 씻어내려야 하며, 그래도 제거되지 않으면 곧 의사에게 치료를 받도록 한다.

3. 절상

에탄올로 소독하고 페니실린 연고를 바른 후 붕대를 감는다. 모든 실험실 사고 시 충분히 물로 씻고 응급 처치 후, 근처 병원에서 치료를 받을 수 있도록 조치한다.

실험 보고서 작성 요령

실험 실습 수업은 학생들이 직접 행동하고, 자료를 찾으며, 배운 것을 증명 확인하는 수업이다. 여타 이론 수업과 달리 자신이 알고 있는 지식을 활용하기 위하여 스스로 보고 깨닫는 수업으로써, 실험에 임하기 전 충분한 자료 수집과, 예비 지식 습득이 매우 중요하다.

도서관과 인터넷 등을 통하여 직접 자료를 수집하고, 실험 방법을 숙지하고, 그 결과로부터 실험 목적에 맞는 결과를 도출하기까지의 일련의 과정은 대학 졸업 후 사회에 나가서 어떠한 업무를 수행하기 위한 훈련 과정이라고 볼 수 있다. 따라서 학생들은 이러한 점을 숙지하고, 이 책에서 준비한 가이드라인과 아울러 스스로 필요하다고 생각되는 모든 지식과 자료를 수집하고 실험에 임하도록 한다면 그 실험 결과를 얻는 효과는 매우 크다. 이들 모든 자료들을 활용하여 실험 보고서를 작성하기 위해 아래의 요령과 양식을 이해하고 익힌다.

1. 실험 제목

2. 실험 날짜

3. 학과 · 실험조 · 이름

- 실험 보고서를 작성한 사람이 누구인지, 어디 소속인지를 밝히는 것은 자신이 작성한 보고서에 대한 책임을 지는 것이다.

4. 실험 목적

- 이 실험을 왜, 무엇을 위하여 수행하는지 확실히 하는 것만큼 중요한 것은 없다. 목적이 없는 수업은 놀이에 불과하다.

5. 예비 이론

- 실험을 하기 위해서 필요한 기초 지식과, 자료들을 정리해 둔다. 예를 들어서 비누를 만드는 실험이라면 비누가 무엇인지, 어떤 원리로 합성되는지, 필요한 시약은 무엇이며, 어떻게 다루는지, 위험 요소가 무엇이며, 주의할 점은 무엇인지 확실히 해 두어야 한다. 이를 위해 다음의 요소들이 포함되어야 한다.

① 기초 실험 이론들 – 실험과 관련된 모든 이론들
② 사용하는 시약 조사 – 시약 취급법, 시약 특성, 화학식과 구조 및 주의 사항 등
③ 사용하는 실험 도구들 조사 – 사용법 및 주의 사항 등
④ 자료 조사 과정에서 생겨난 의문점과 용어 조사
⑤ 실험 방법에는 나와 있지 않지만 추가로 확인 해보고 싶은 의문 사항들

6. 실험 도구 및 시약

- 실험에 사용되는 도구
- 실험에 사용되는 시약

7. 실험 방법

- 실험 방법은 주교재(본 교재이다)의 실험 방법에 따라 작성하되, 실험 전 교수의 가이드를 따른다.

8. 참고 문헌

위 내용들을 조사한 출처를 작성한다.

- 서적일 경우 : 저자, 책 이름, 출판사, 출판 년도, 참고한 페이지.
  예: 화학실험편찬위원회, 『일반화학 실험』, 단국대학교출판부, 2017, p.78
- 인터넷 홈페이지 일 경우 : 도메인 주소, 출처, 작성한 사람, 작성된 날짜 등

9. 실험 결과

- 실험을 통하여 관찰한 결과와 이를 토대로 목적에 부합되는 결과를 구한다.
  적정 실험을 예로 들자면 다음의 사항들이 결과에 작성되어야 한다.

  ① 실험을 위하여 준비한 시약들의 부피 혹은 질량
  ② 실험에 사용된 적정용 시약의 농도
  ③ 적정에 사용된 미지 시료의 부피
  ④ 적정하면서 미지 시료에 들어간 적정 시약의 부피
  ⑤ 미지 시료의 농도

위 항목들 중 ①~④까지는 실험을 수행하면서 기록한 자료 값에 해당하며, ⑤는 실험 목적에 부합되는 결과에 해당한다. 이 결과는 자료를 토대로 이론에 따라 계산하여야 한다.

10. 고찰

실험을 진행하면서 느낀 점을 작성한다.
실험이 잘된 이유, 실수했던 점, 주의했어야 할 점, 특이할 만한 사항 등을 작성하고, 재 실험시 참고가 되도록 한다.

이상의 방법으로 리포트를 작성하되, 1~8 까지는 실험에 임하기 전 작성하여 실험 전 충분한 준비가 되도록 하고, 9~10 사항은 실험 후, 조원들과 충분한 토의를 거쳐서 작성하도록 한다.

화학실험에 사용되는 기본 기구

가열 교반기
Hot plate & magnetic stirrer

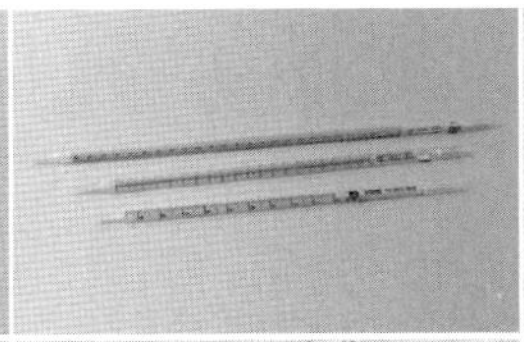
눈금 피펫
Measuring pipette

데시게이터
Desiccater

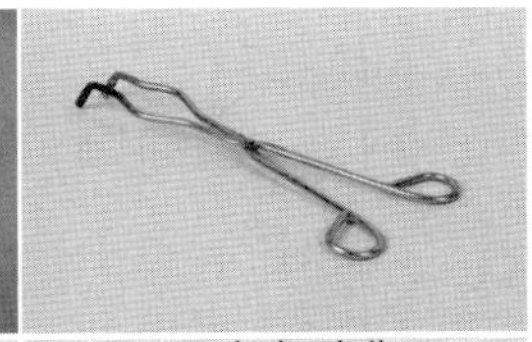
도가니 집게
Crucible tongs

둥근 플라스크
Round flask

비이커
Beaker

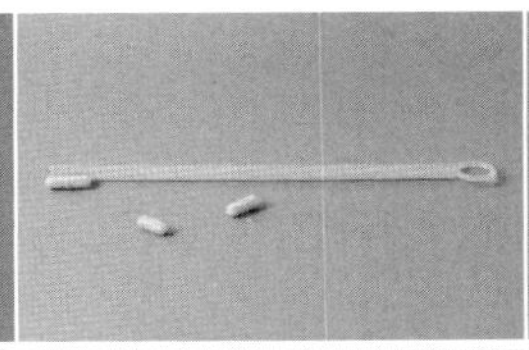
마그네틱 리트리버
Magnetic retriever

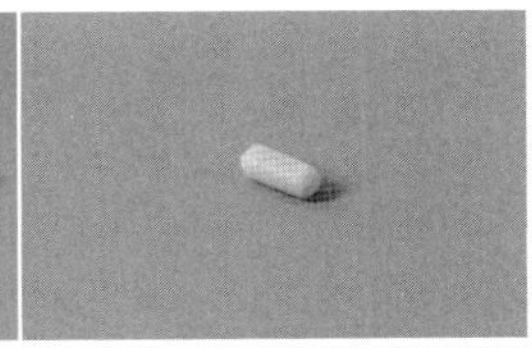
마그네틱바
Magnetic bar

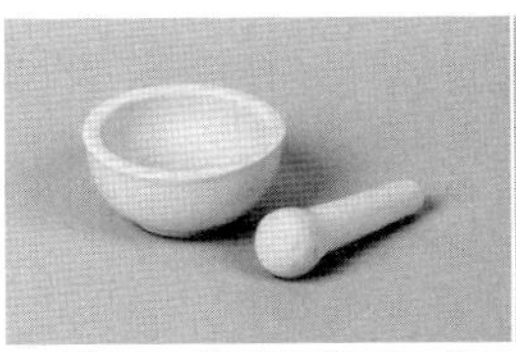
막자사발
Mortar and pestle

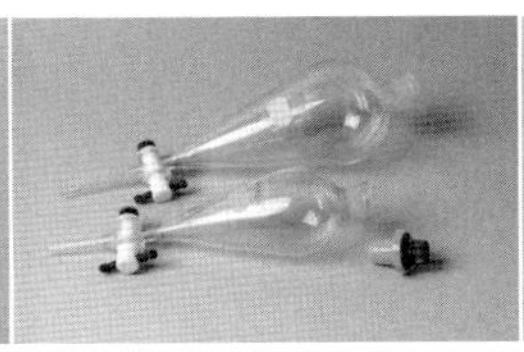
분액 깔때기
Separatory funnel

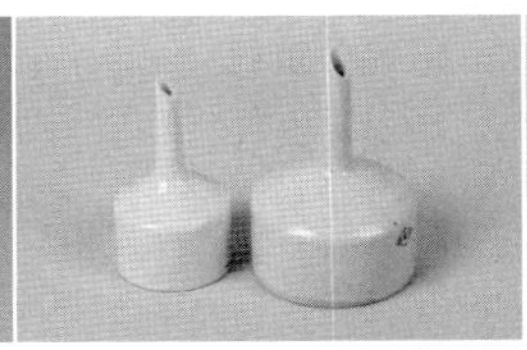
부흐너깔대기
Buchner funnel

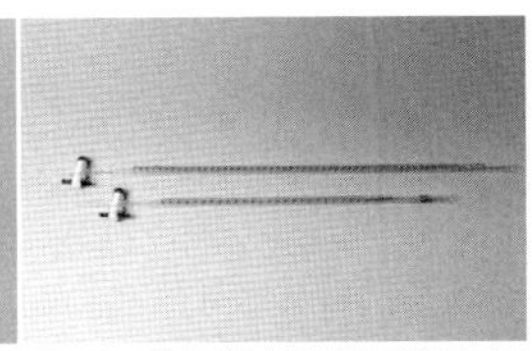
뷰렛
Burette

뷰렛 클램프
Burette clamp

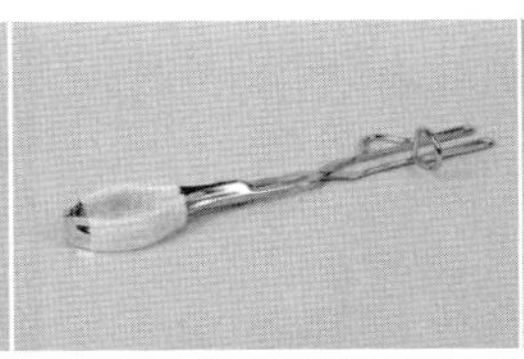
비커 집게
Beaker clamp

삼각플라스크
Erlenmeyer flask

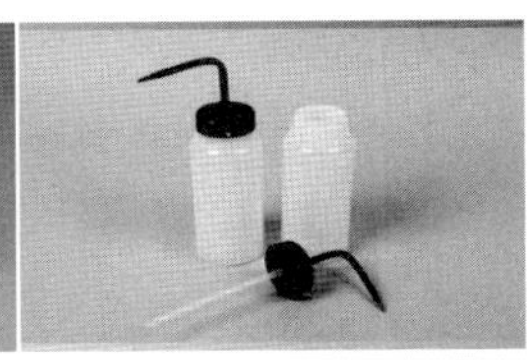
세척병
Washing bottle

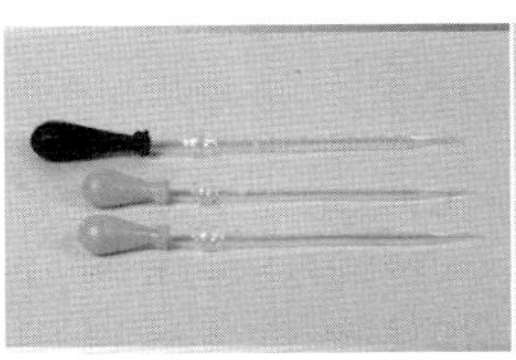
스포이드
Spoid

시계접시
Watch glass

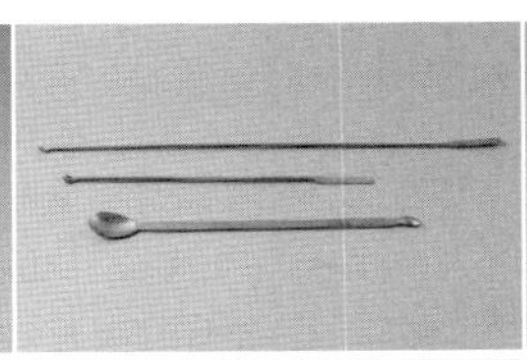
시약 스푼
Spatula

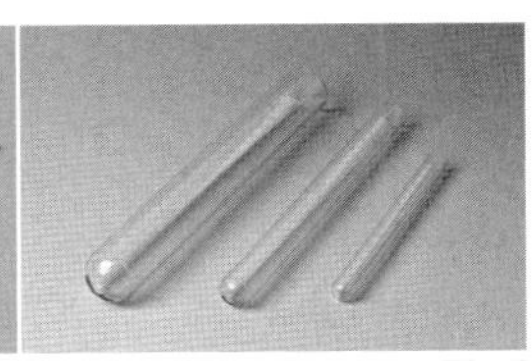
시험관
Test tube

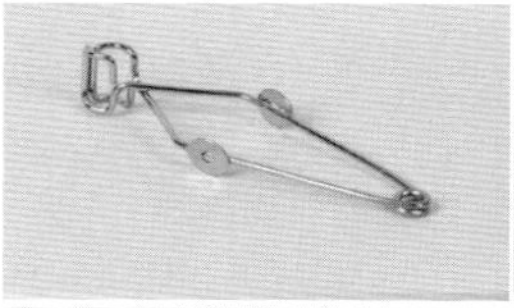
시험관 집게
Test Tube clamp

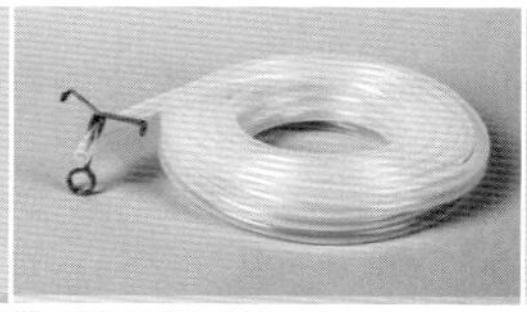
실리콘 튜브
Silicone tube

서포트 잭
Support jack

알코올 램프
Alcohol lamp

여과(감압) 플라스크
Filtering flask

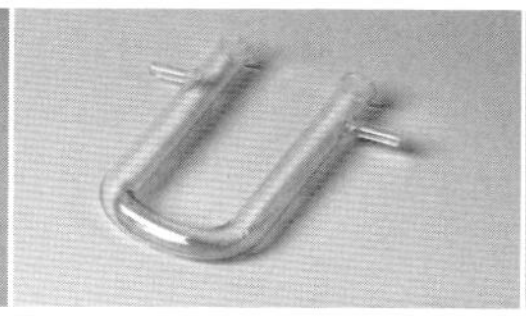
U자관
U tube

유산지
Weighing paper

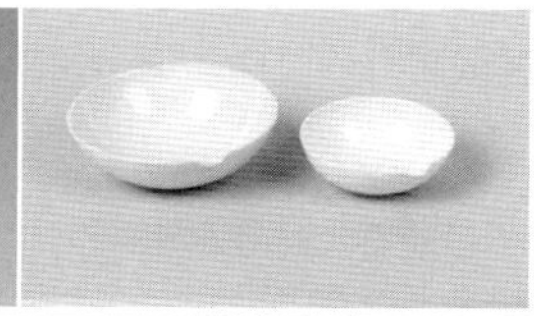
증발접시
Evaporating dish

콜크 받침대
Cork support

클램프
Clamp

클램프 홀더
Clamp holder

라텍스글러브
Latex glove

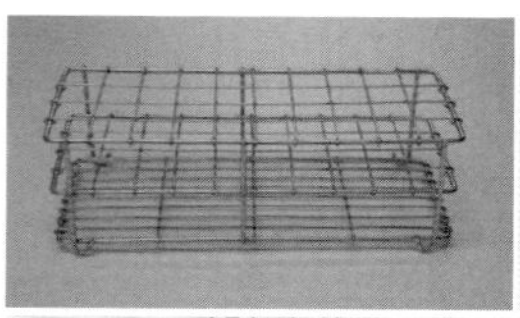
시험관대
Test tube rack

피펫휠러
Pipette filler

핀치콕
Pinch cock

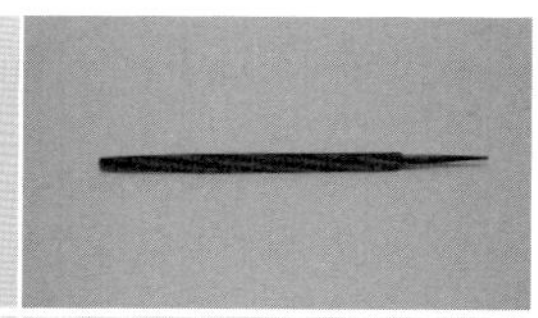
줄
File

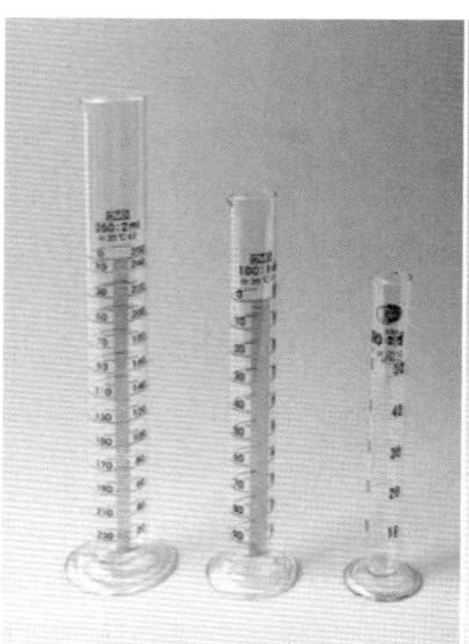
눈금 실린더
Graduated cylinder

부피 플라스크
Volumetric flask

스탠드
Support stand

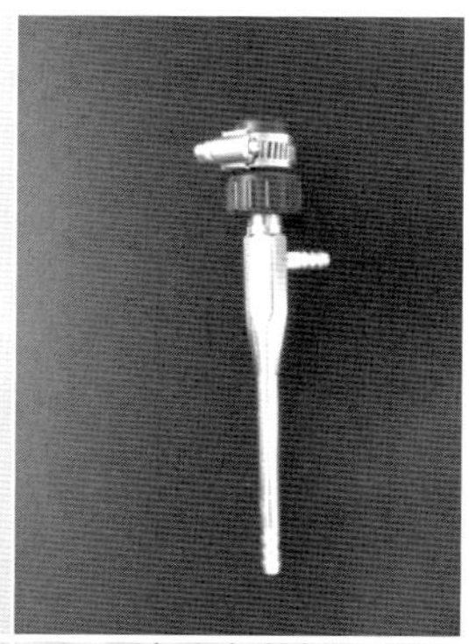
아스피레이터
Aspirator

실험 01
유리 세공

실험 목적

화학 실험을 하면서 수시로 다루게 되는 간단한 유리 기구를 직접 제작해 봄으로써 이들의 성질을 이해하고, 다룰 수 있게 한다.

기초 이론

1. 유리

유리는 외형상 단단하고 깨지는 성질을 가지는 것을 보면 고체로 받아들이지만, 화학적인 관점에서 유리는 액체로 분류한다. 유리는 과냉각 액체로 고체와 다르게 녹는점이 존재하지 않고 고체의 특징인 결정 구조를 가지지 않으며, 단지 매우 점성이 높은 상태의 물질로 받아들인다. 고체의 녹는점 대신 유리와 같은 과냉각 액체 물질은 점성이 낮아지면서 성형이 가능한 상태로 되는 유리화온도(T_g)라는 것을 가진다. 이 온도에서 과냉각 액체 물질은 단단한 고체의 성질에서 말랑말랑한 젤리의 상태를 거쳐 꿀처럼 끈적끈적한 상태로 변화한다.

유리는 열전도가 낮은 물질로써 유리 물질 외부 온도와 내부 온도가 차이가 나면 그 열팽창률에 의해 쉽게 깨질 수 있다. 이렇게 유리의 부위에 따라서 온도 차이가 많이 나는 상태를 열충격 상태라고 하는데, 급가열 혹은 급냉시킬 때 해당한다. 주로 내부보다 외부가 급냉될 때 마치 영화 속의 헐크가 겉옷이 작아지면서 찢어지는 현상처럼 외부 유리가 수축하면 쉽게 깨진다.

유리의 표면을 현미경으로 자세히 관찰해보면 광택이 나는 유리라 할지라도 매우 많은 크랙(crack)을 확인할 수 있는데, 유리에 충격이 가해지면 이 크랙 때문에 쉽게 깨진다. 자동차용 강화유리들은 열 충격이나 크랙과 같은 유리의 결점들을 보완하기 위하여 보강 성분과 열처리 방법, 필름 등을 이용한다.

표 1-1 유리의 종류

	소다유리	보로 실리카 유리	용융 실리카 유리
주성분	SiO_2, Na_2O, CaO	SiO_2, B_2O_3	SiO_2
유리화온도(T_g)	600 ℃	800 ℃	1200 ℃
열팽창	높음	낮음	매우 낮음
내화학성	낮음	높음	매우 높음
용도	일반 용기, 유리창	실험용 유리 기구 가열용 유리 용기	특수 실험용 유리 기구
상품명		Pyrex Kimax Hysil	Vycor
가격	저렴	보통	고가

2. 분젠버너

가스를 이용하는 버너로 버너 아래쪽에는 공기 조절 밸브가 달려 있다. 주로 천연가스 혹은 프로판 가스를 이용하며 공기 조절 밸브를 이용하여 거의 불꽃이 보이지 않을 정도의 푸른 불꽃으로 조절하여 이용한다.

공기량이 충분하지 않을 경우 노란 색의 그을음이 많은 불꽃이 만들어진다. 유리 세공을 하거나, 가열할 때에 알코올램프보다 높은 온도를 얻을 수 있지만, 보로 실리카 유리와 같은 높은 유리화 온도를 가진 유리제품의 성형은 어렵다. 더욱 높은 온도를 요구할 경우 토치를 이용한다.

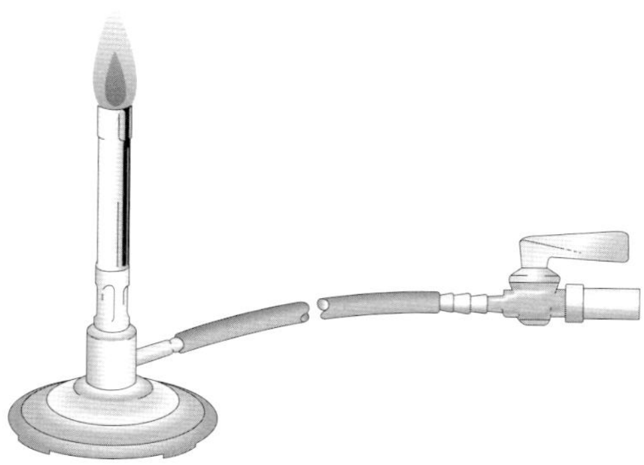

그림 1-1 분젠버너
불꽃이 잘 보이지 않을 정도로 푸른색이 되도록 공기 유입 조절관을 조절한다.

기구 및 시약

삼각 줄(file), 분젠버너 혹은 가스 토치, 연질 유리관(6~8 mm)

실험 방법

1. 유리관 자르기 및 무디게 하기

실험대 위에 유리관을 놓고 자르고자 하는 부분에 그림 1-2와 같이 한쪽 손의 엄지 손가락을 대고 다른 쪽 손으로 삼각 줄의 모서리로 힘차게 단 한 번에 흠을 낸다. 그리고 그림 1-3과 같이 흠의 반대편에 두 엄지손가락을 대고 밀면서 동시에 당기는 기분으로 꺾으면 쉽게 자를 수 있다. 흠집을 이용하여 '유리관을 부러뜨린다'라고 생각하면서 자르면 잘 잘라진다. 이때 손이 다치지 않도록 수건으로 유리관을 싸서 손을 보호한다.

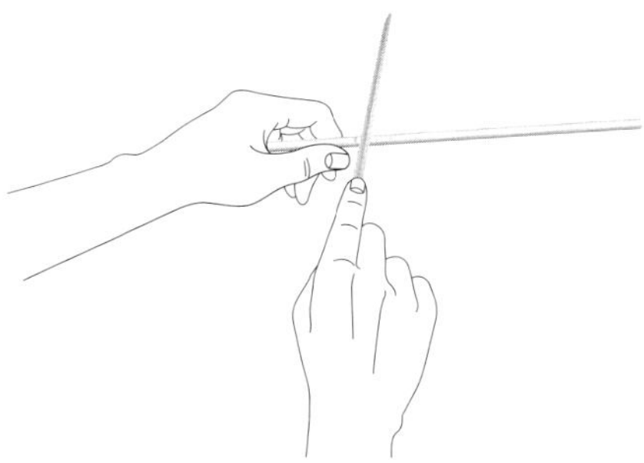

그림 1-2 유리관 흠집내기

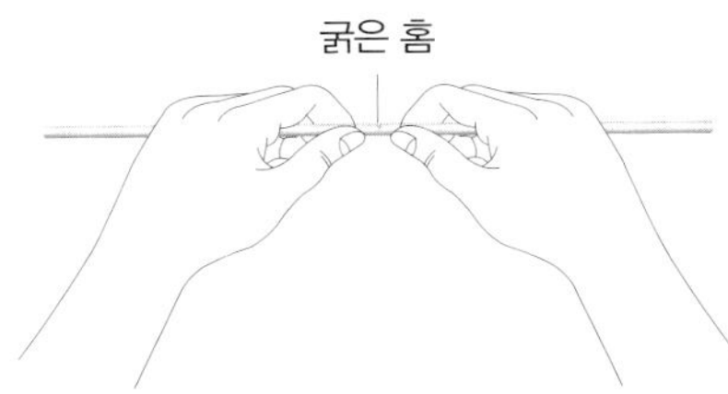

그림 1-3 유리관 자르기

자른 유리관은 아주 날카로워서 손을 다치게 할 위험이 있으며 고무마개나 고무관을 상하게 하는 일도 많다. 그러므로 날카로운 부분을 불꽃을 이용하여 무디게 다듬어 쓰지 않으면 안 된다.

자른 유리관 끝을 그림 1-4와 같이 버너의 불꽃 윗부분(겉불꽃)에 넣고 유리관을 회전시키면

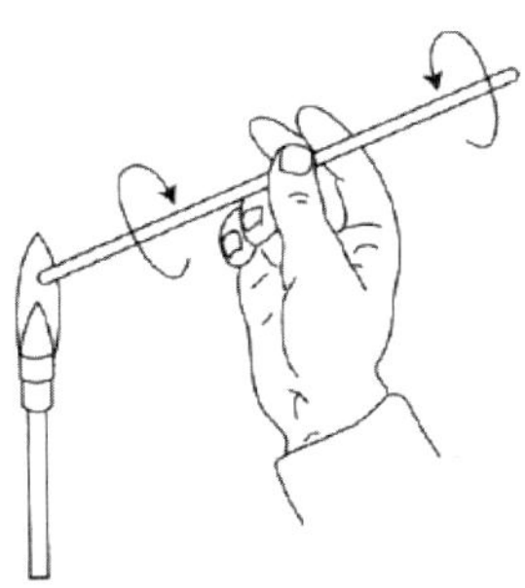

그림 1-4 유리관 무디게 하기
유리관 한쪽 끝을 불꽃 속에 넣고 가볍게 돌리면서 달구어 주면 된다.

서 가열하여 무디게 한다. 가끔 유리관을 불꽃에서 꺼내서 관의 끝을 검사해야 한다. 불꽃 속에서 너무 오래 가열하면 유리관이 휘어지거나 관의 끝이 막히게 되므로 주의해야 한다. 또 유리관이 냉각되기 전까지는 가열했던 부분에 손을 대지 않도록 특히 주의한다.

2. 구부리기

유리관을 구부릴 때는 가열 범위를 크게 해야 예쁜 모양을 얻을 수 있다. 따라서 버너에 불꽃 펴기 장치인 날개관(flame spreader 또는 wing top)을 그림 1-5와 같이 장치하고 불을 붙인 후, 공기를 조절하여 청색 불꽃을 얻도록 한다. 이러한 장치가 없을 때는 유리관을 좌우로 움직여 주어

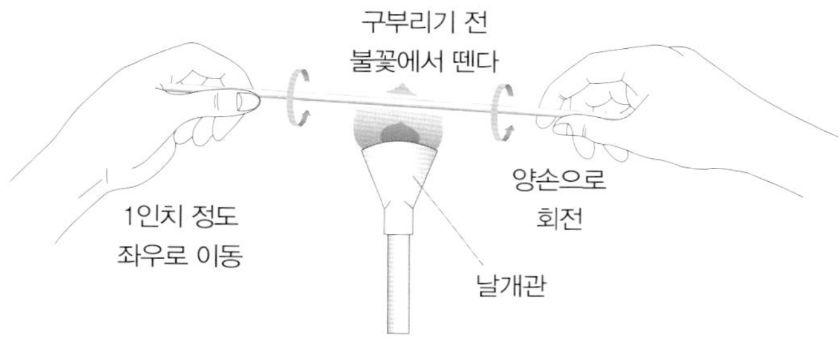

그림 1-5 유리관 가열하기

그림 1-5와 같이 구부리고자 하는 부분을 불꽃 속에서 천천히 돌리면서 고르게 가열한다. 충분히 가열되어 유리관이 자체의 무게로 휘어지기 시작할 정도로 물러지면 불꽃에서 빨리 꺼내어 양쪽 새끼손가락으로 관의 구멍을 막은 뒤 단 한 번에 필요한 각도(90°, 45° 등)로 구부린 후 냉각시킨다. 특히 실험대의 모서리에서 구부리면 원하는 각도로 구부리기가 쉽다. 이때 유리관이 충분히 가열 되지 않았거나 그 일부분만 가열되었을 때, 또는 불꽃 속에서 구부릴 때에는 유리관의 지름이 일정하게 구부러지지 않고 찌그러질 수 있으니 주의한다.

그림 1-6 구부린 유리관

3. 스포이드와 모세관 만들기

위에서 유리관을 구부릴 경우와 같이 유리관을 지면과 수평으로 잡고 회전시키면서 고르게 가열한다. 충분히 가열하여 연하게 된 유리관을 불꽃에서 꺼내어 그림 1-7과 같이 두 손으로 빨리 잡아당겨 필요한 굵기만큼 단 한 번에 쭉 뽑는다. 너무 세게 잡아당기면 끊어지기 쉽다. 뽑은 유리관이 변형되지 않게 하기 위해서는 한 끝을 잡고 지면과 수직되게 세워 유리가 굳을 때까지 기다린다. 유리관이 식은 다음 가늘게 뽑은 곳을 자르고 양쪽 끝을 불에 넣어서 무디게 한다.

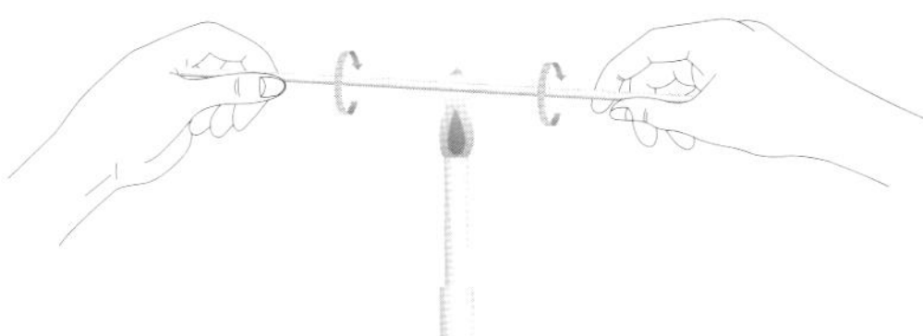

(a) 연하게 될 때까지 관을 불꽃 내에서 돌린다.

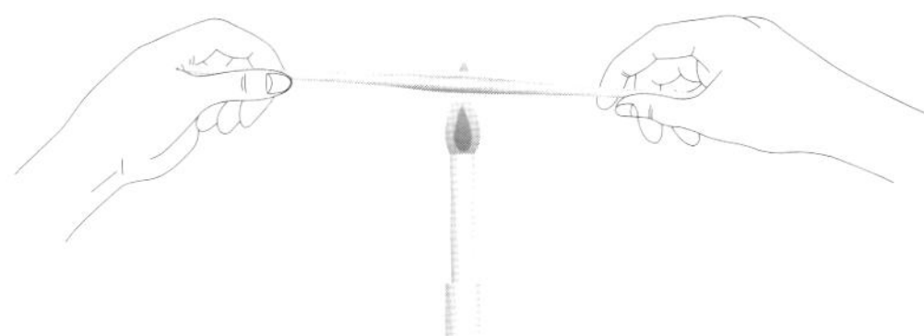

(b) 가열할 때 관이 짧아져서 두껍게 되도록 한다.

(c) 불꽃에서 떼고 원하는 만큼의 모세관이 되도록 당긴다.

(d) 소정 길이로 자르고 끝을 달굼 연마한다.

그림 1-7 가늘게 뽑고, 스포이드관 만들기

유의 사항

1. 버너 사용법에 대한 충분한 교육을 받고 실험에 임한다.
2. 버너 사용 후에는 밸브를 꼭 잠근다.
3. 가열된 유리관 또는 날카로운 유리 부분에 주의한다.
4. 유리관을 고무 연결관에 끼울 때는 글리세린과 같은 윤활유나 물을 유리관 끝과 고무마개 구멍에 발라야 한다.
5. 유리관의 구부러진 곳에 무리하게 힘을 주어서는 안 된다
6. 손을 다치지 않게 하기 위해서 수건으로 손을 보호하면서 작업한다.

실험01_유리 세공

결과 보고서

1. 유리관 자르기

1) 줄을 이용하여 흠집을 낼 때 문제점은 무엇인가?

2) 흠집이 있는 유리관을 끊을 때 현상을 사진과 함께 기록하라.

2. 유리관 구부리기

1) 구부린 유리관이 교재의 그림처럼 매끄러운 모습으로 잘 만들어지는가?

2) 매끄러운 모습의 유리관으로 만들기 위해서 끝을 잘 봉했는가?

3) 자신이 구부린 유리관의 모습을 사진과 함께 기록하라.

3. 스포이드와 모세관 만들기

1) 유리관을 잡아 늘릴 때 가열된 부위에 따라서 모양이 일그러진다. 자신이 관찰한 모습을 기록하라.

2) 가늘어진 유리관은 양 끝을 잘라서 모세관으로 이용할 수 있다. 자신이 만든 모세관의 두께를 측정해보고 기록하라.

3) 가늘게 뽑아진 유리관의 한 쪽 끝을 잘라서 스포이드를 만들고, 그 모습을 사진으로 기록하라.

실험01_유리 세공

실험 후 고찰

❖ 오늘의 실험을 진행하면서 기대하였던 사항은 무엇인가?

❖ 실험을 진행하면서 기대와 다른 사항은 무엇인가?

❖ 실험 결과가 다른 조에 비하여 다르게 나온 이유는 무엇인가?

❖ 실험을 진행하면서 어려웠던 점은 무엇인가?

❖ 오늘의 실험 결과를 보고 다음에 같은 실험을 한다면 어떠한 점을 개선해야 하는가?

❖ 전반적인 실험 과정에 대하여 조원들끼리 토론하고, 그 사항을 기록하라.

실험 02
고체의 결정화 – 재결정

실험 목적

재결정을 통한 고체 화합물의 정제 원리를 이해한다.

기초 이론

재결정(recrystallization)이란 결정을 용융(melting)시키거나 용매에 용해(dissolution)시켜 결정구조를 완전히 분열시킨 후 다시 새로운 결정을 형성시켜 불순물이 용융액이나 용액 속에 남아 있게 하여 순도를 높이는 방법이다. 보통 불순물과의 용해도 차이를 이용하여 용해도가 큰 불순물을 용매 속에 남기고, 용해도가 작은 용질을 결정화시키는 방법을 많이 이용한다. 하지만 용해도 차이가 적더라도 함유량이 적은 불순물은 용매 속에 불포화 상태로 녹아 있고, 함유량이 많은 용질은 용매 속에서 과포화 상태로 있게 되면 불순물이 없는 순수한 용질만의 결정을 얻을 수 있다. 이 원리를 이용하여 재결정 방법을 여러 차례 반복함으로써 의약품을 비롯한 시약의 순도를 높일 수 있다.

황산 구리, 염화 암모늄, 염화 포타슘등과 같이 온도에 따라 용해도의 차이가 큰 결정형 고체는 높은 온도에서 이 고체의 포화용액을 만들고, 이것을 빨리 필터하여 불순물을 제거한 다음, 온도를 낮추면 비교적 불순물을 적게 함유한 결정을 얻을 수 있다. 소금과 같이 용해도가 온도에 따라 그다지 변화하지 않는 물질(물 100 g에 대한 소금의 용해도는 0 ℃에서 35.7 g, 100 ℃에서 39.8 g이다)은 고온의 포화용액을 냉각시켜도 많은 양의 결정이 석출하지 않는다. 이러한 물질은 용매를 증발시켜서 결정을 얻는다. 결정수를 많이 포함하고 있는 물질은 과포화용액이 되기 쉬우므로 상온에서 과포화용액을 만들어 여기에 작은 결정을 넣어주면 결정이 얻어진다.

1. 용매의 선택

① 용해도가 온도에 따라 큰 차이가 있는 것이어야 한다. 뜨거운 용매 속에서는 완전히 녹고 반면에 차가운 용매 속에서는 다소 불용성인 것이 이상적이다. 그러나 불순물은 차가운 용매 속에서도 적어도 적당한 양으로 녹아야 한다.

② 최종의 결정 회수 시 건조가 용이하도록 끓는점이 낮아야 한다.

③ 용질의 녹는점보다 용매의 끓는점이 낮은 것이 바람직하다.

④ 용매는 정제하고자 하는 물질과 화학적으로 반응하지 않아야 한다.

용해 재결정법의 가장 중요한 절차는 용매의 선택인데 만약 정제하고자 하는 시료에 대한 사전 정보나 문헌이 없다면 여러 번 시행착오를 거쳐 적당한 용매를 찾아야한다.

일반적으로 극성 화합물은 극성 용매에 잘 녹고, 비극성 화합물은 비극성 용매에 잘 녹는다. 용매에 대한 극성은 유전율(dielectric constant)로 나타내는데 유전율이 2~3인 용매는 비극성, 3~10 사이를 중간, 10 이상인 것을 극성으로 본다. 때로는 두 용매를 섞어 사용하는 경우도 있는데 이것은 한 용액 속에서의 용해도가 다른 용매(이 용매 속에서는 용해도가 낮은)에 의해 줄어들기 때문이다.

자주 사용되는 혼합 용매의 쌍들은 95% 에탄올−물, 톨루엔−석유 에테르, 초산−물, 에틸 에테르−에탄올, 에틸 에테르−석유 에테르 등이 있다.

2. 용해

냉각기가 설치된 플라스크에 결정을 넣고 소량의 용매를 첨가하여 교반하면서 가열하여 최소의 용매로 결정이 최대한 녹을 때까지 기다린다(가열 온도는 용매의 끓는점 이상으로 올리지 않는 것이 좋다). 더 이상 녹지 않으면 냉각기 끝을 통하여 소량의 용매를 첨가하고 녹을 때까지 기다린다. 이런 과정을 되풀이하여 최소량의 용매로 결정을 완전히 녹일 수 있도록 유도한다. 이때 용매를 가하여도 녹지 않는 불순물이 있으므로 이를 시료 화합물로 오인하여 과다한 양의 용매를 사용하지 않도록 주의해야 한다. 용매를 더 가하여도 녹지 않는 물질은 뜨거운 상태에서 여과하여 제거한다. 혼합 용매를 쓰는 경우에는 두 용매가 완전히 섞여야 하며, 재결정하려는 화합물은 이들 중 한 용매에는 잘 녹고 다른 용매에는 완전히 녹지 않거나 거의 녹지 않아야 한다. 결정을 잘 녹는 용매에 넣어 가열하여 먼저 녹이고 용해성이 나쁜 용매를 가하게 되면 결정이 석출되어 나온다. 이때 용액이 뿌옇게 된다.

3. 뜨거운 여과

불용성 불순물을 제거하기 위해 뜨거운 여과(hot filtration)를 해야 하는데 불용성 불순물이 없거나 용액이 맑으면 이 단계를 생략해도 좋다. 때때로 감압 여과는 여과 용매가 쉽게 증발되어 농축되므로 불순물이 섞인 결정이 미리 생기기 때문에 주의해야 한다. 깔때기 위로 여과지가 솟아나오지 않게 만든 주름 여과지(fluted filter paper)를 사용하면 좀 더 빨리 걸러 낼 수 있다.

뜨거운 여과 시 용매의 끓는점과 비슷한 온도로 가열된 부흐너 깔때기나 동관으로 감싼 원추형 깔때기를 이용해 여과하는 동안 뜨거운 물이나 증기를 순환시켜 사용하는 방법 외에 전기 가열 깔때기를 사용하는 방법 등이 있다.

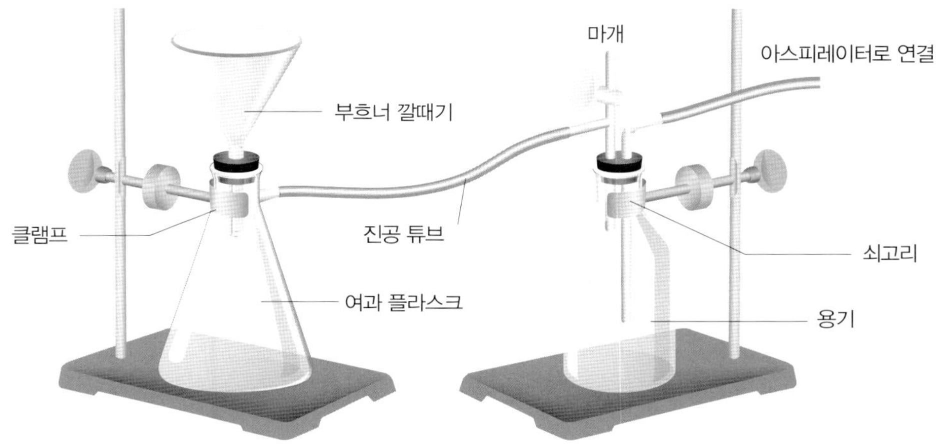

그림 2-1 진공 여과 장치

4. 결정화

여과한 뜨거운 용액을 실온으로 방치하여 서서히 식게 한다. 급냉시키면 작은 결정이 생기고 이는 결정의 표면적이 넓어지므로 용액 속의 불순물이 흡착되기 쉽다. 또한 결정화 동안 흔들리면 결정이 작게 형성될 수 있으므로 주의해야 한다. 그러나 결정이 너무 크면(보통 2 mm 이상) 용매가 결정 속에 포함되어 건조가 어렵고 불순물을 포함하게 된다.

충분히 냉각한 후에도 결정화가 일어나지 않는 과냉각현상(supercooling)이 나타나면, 원래의 순수한 결정을 조금 넣어주거나(이 방법을 seeding이라 한다), 플라스크 내부의 용액 표면보다 약간 위쪽을 유리막대로 가볍게 긁어준다. 때로는 용질이 결정으로 되지 않고 기름처럼 분리되어 가라앉는 경우도 있다. 이때에는 유리막대로 저어서 결정 형성을 유도해 보고 안 될 경우

seeding을 한다. 그 후 오래 동안 방치하여도 결정이 생기기 않으면 분리되어 가라앉은 액체를 따로 분리하여 다른 용매에서 결정형성을 시도하여 본다. 이렇게 하여 얻은 결정을 여과하여 순수한 결정을 얻을 수 있다.

5. 여과

두 번째의 순수한 결정을 얻기 위한 여과는 뜨거운 여과 때와 같은 방법으로 하되, 필터는 차가울수록 좋다. 또한 불순물이 섞인 용매가 완전히 제거될 수 있도록 여과물을 시약 수저 등을 이용하여 눌러주어 용매를 최대한 짜내도록 한다.

6. 결정의 건조

결정 사이로 공기가 지나가도록 감압기를 틀어두면 대부분의 용매는 다 증발한다. 그 후 결정을 펼쳐 자연 건조하거나 데시케이터에 넣어둔다. 완전한 건조를 위하여 필요하다면 오븐이나 진공 오븐, 또는 진공펌프를 이용하여 건조한다.

기구 및 시약

비커(200 mL ,100 mL), 삼각 플라스크(200 mL, 100 mL), 부흐너 깔때기, 감압플라스크, 아스퍼레이터, 수조, 데시케이터

$CuSO_4 \cdot 5H_2O$, c-H_2SO_4, c-NH_4OH, Br_2수, KSCN

실험 방법

1. $CuSO_4 \cdot 5H_2O$의 정제

① 공업용 $CuSO_4 \cdot 5H_2O$ (물 100 g에 대한 용해도는 0 ℃에서 31.6 g, 100 ℃에서 203.3 g) 40 g을 200 mL 삼각 플라스크에 옮기고 여기에 100 mL의 증류수를 가하여 결정이 모두 녹을 때까지 약간 가열하여 준다.

② 이 용액을 감압 여과한다.

③ 여과지에 걸러 나오는 고형 물질은 버리고 여액의 부피를 눈금 실린더로 측정한다.

④ 여액을 비커에 옮기고 그 부피가 반으로 줄 때까지 증발 농축시킨다. 이때 용액이 약간 혼탁해지면 $c-H_2SO_4$ 몇 방울을 떨어뜨린다.

⑤ 이 용액을 유리막대로 잘 저어주면서 냉각시킨다.

⑥ 석출되는 결정을 감압 여과한다. 이때 깨끗한 병마개로 침전을 압착하여 물기가 완전히 빠져나가도록 한다.

⑦ 여액은 삼각 플라스크에 옮겨 마개를 꼭 막아 보관하고 침전은 깨끗한 시계접시에 옮겨 데시케이터 속에 넣어 건조한다.

2. 불순물 함유량의 비교 확인

① 위의 실험에서 100 mL 삼각 플라스크에 모아 놓은 여액 10 mL를 취하여 50 mL 비커에 담고 여기에 $c-NH_4OH$ 몇 방울을 떨어뜨린다. 어떤 변화가 일어나는지 관찰한다.

② 위의 용액에 $c-NH_4OH$를 더 가해본다.

③ 위의 용액을 깔때기를 사용하여 걸러내고 침전은 소량의 증류수로 씻어 내려준 다음 거름종이에 남아 있는 물질을 관찰한다.

④ 위의 거름종이에 묻어 있는 물질을 증류수로 여액이 푸른 빛깔을 띠지 않을 때까지 씻어 내린 다음에 $d-HCl$ 몇 방울을 떨어뜨려 침전을 녹여버리고, 이것을 시험관에 받는다. 후드 속에서 이 시험관에 Br_2수 몇 방울을 가하고 잘 흔들어 준다. 어떤 변화가 일어나는가? 여기에 KSCN 용액 몇 방울을 가하여 본다.

3. 재결정 생성물의 비교

재결정하여 얻은 $CuSO_4$로 포화 수용액을 만들어 1 및 2에서와 같은 실험을 하여 보고 그 결과를 앞에서 실험한 2의 결과와 비교하여 본다.

유 의 사 항

결정성 고체가 용해되어 있는 수용액을 서서히 농축시키면 대체로 큰 결정이 얻어지며 여기에는 대개 모액이 많이 포함되어 들어온다. 따라서 빠르게 결정을 석출시킬수록 불순물이 적게 포함되는 작은 결정체를 얻을 수 있다.

MEMO

실험02_고체의 결정화-재결정

결과 보고서

1. $CuSO_4 \cdot 5H_2O$의 정제

1) 황산 구리 5수화물을 녹인 후 감압 여과한 여과지 속에 남아 있는 물질이 있는가? 남아 있다면 그 물질의 색깔은 어떠한가?

2) 황산 구리 용액에 진한 황산을 추가해 준 이후 변화를 기록하라.

3) 사용한 황산 구리의 질량과 결정으로 얻은 질량은 각각 얼마인가? 이로부터 수득률을 구하면 얼마인가?

4) 수득률이 좋지 않다면 그 이유는 무엇인가?

2. 불순물 함유량의 비교 확인

1) 불순물 함유량의 비교확인 실험에서 진한 암모니아용액을 떨어뜨렸을 때의 변화를 기록하라.

2) 거름종이에 남아 있는 물질은 무엇인가?

3) 묽은 염산을 떨어뜨렸을 때 침전이 녹는가? 녹는다면 녹은 후의 상태와 색깔은 어떠한가?

4) 브롬수를 가하였을 때의 변화는 어떠한가?

5) KSCN용액을 가하였을 때의 변화는 어떠한가?

실험02_**고체의 결정화–재결정**

실험 후 고찰

❖ 오늘의 실험을 진행하면서 기대하였던 사항은 무엇인가?

❖ 실험을 진행하면서 기대와 다른 사항은 무엇인가?

❖ 실험 결과가 다른 조에 비하여 다르게 나온 이유는 무엇인가?

❖ 실험을 진행하면서 어려웠던 점은 무엇인가?

❖ 오늘의 실험 결과를 보고 다음에 같은 실험을 한다면 어떠한 점을 개선해야 하는가?

❖ 전반적인 실험 과정에 대하여 조원들끼리 토론하고, 그 사항을 기록하라.

실험 03
황산 철 합성

실험 목적

황산 철의 생성 원리를 이해하고, 물과 에탄올에서의 용해도를 이용한 물질의 분리를 이해한다.

기초 이론

묽은 황산에 철가루를 작용시키면 황산 철(II)이 얻어진다. 이때 황산을 저으면서 조금씩 가해야 한다. 한 번에 전량을 가하면 거품이 많이 발생하며, 이때 발생한 수소 기체는 호흡기를 자극한다.

$$Fe + H_2SO_4 + xH_2O \rightarrow FeSO_4 \cdot 7H_2O + yH_2O + H_2 \uparrow$$

황산 철(II)은 물에는 녹지만 에탄올에는 용해도가 작으므로 결정으로 석출된다. 황산 철(II) 수용액을 에탄올에 넣어서 황산 철 결정을 침전시킬 수 있다. 이때 저으면서 넣으면 순수한 작은 결정이 얻어지고, 젓지 않으면 틈이 많은 큰 결정이 생기는데, 이때 틈 속에 모액(여기서는 황산 수용액)이 함유되기도 한다.

황산 철(II)의 결정을 가열하면 70~80 ℃에서는 5 분자의 결정수, 100 ℃에서는 6분자의 결정수를 잃어버리고 300 ℃에서는 무수물로 변한다. 더 높은 온도 700 ℃ 정도에서는 이산화 황과 삼산화 황이 발생하고 붉은 색의 산화 철(III)로 된다.

$$2FeSO_4 \rightarrow Fe_2O_3 + SO_2 \uparrow + SO_3 \uparrow$$

기구 및 시약

비커(300 mL), 깔대기, 눈금 실린더(50 mL), 거름종이, 전열기, 저울, 순수한 철가루, H_2SO_4, C_2H_5OH

실험 방법

① 물 50 mL에 진한 황산(H_2SO_4) 15 g을 잘 저어주면서 조금씩 조심스럽게 가하여 H_2SO_4를 묽힌다. 이때 많은 열이 발생하니 조심하도록 한다.

② 여기에 순수한 철가루 10 g 정도를 저으면서 조금씩 넣는다.

③ 용액을 가열하여 더 이상 녹지 않는 철은 거름종이로 거른다.

④ 거른 용액 중 약 1 mL 정도는 시험관에 담아 냉각시키면서 황산 철의 결정을 생성시키고 관찰한다.

⑤ 나머지 거른 용액을 에탄올(C_2H_5OH) 30 mL에 천천히 저으면서 가한다.

⑥ 석출한 결정을 거르고 소량의 에탄올로 씻은 다음 말리고 무게를 측정한다.

실험03_**황산 철 합성**

결과 보고서

1. 사용한 철가루의 질량은 얼마인가?

2. 시험관에 생성된 황산 철 결정의 모양과 색상을 사진으로 기록하라.

3. 에탄올 속에서 형성된 황산 철 결정의 모양과 색상 등을 사진으로 기록하라.

4. 에탄올 속에 형성된 황산 철 결정을 거르고 건조시킨 후의 질량은 얼마인가?

5. 예상되는 황산 철 7수화물($FeSO_4 \cdot 7H_2O$)의 질량은 얼마인가?

6. 수득률을 계산하라.

8. 수득률이 예상값보다 크게 나왔다면 오차의 원인은 무엇이라고 생각하는가?

실험03_**황산 철 합성**

실험 후 고찰

❖ 오늘의 실험을 진행하면서 기대하였던 사항은 무엇인가?

❖ 실험을 진행하면서 기대와 다른 사항은 무엇인가?

❖ 실험 결과가 다른 조에 비하여 다르게 나온 이유는 무엇인가?

❖ 실험을 진행하면서 어려웠던 점은 무엇인가?

❖ 오늘의 실험 결과를 보고 다음에 같은 실험을 한다면 어떠한 점을 개선해야 하는가?

❖ 전반적인 실험 과정에 대하여 조원들끼리 토론하고, 그 사항을 기록하라.

실험 04 수질 검사

실험 목적

물의 수질 검사를 통하여 정성 분석의 기초 원리를 배운다.

기초 이론

물은 생활용수, 공업용수, 농업용수 등으로 이용되고 있으며, 특히 우리 인간의 생명을 유지하기 위해서 가장 중요한 성분이기도 하다. 음식물의 소화, 운반, 영양분의 흡수, 노폐물의 배설, 호흡, 순환, 체온 조절 등의 생리적 작용을 하는 데 성인의 경우 하루에 2.0~2.5 L의 물이 필요하다. 이와 같이 인체에서 필요로 하는 음용수의 판정 기준은 다음과 같다.

1. 병원 생물들의 오염 및 오염된 물질에 관한 사항
   ① 암모니아성 질소(NH_3−N)는 0.5 mg/L를 넘지 아니할 것
   ② 질산성 질소(NO_3−N)는 10 mg/L를 넘지 아니할 것
   ③ 염소 이온은 150 mg/L를 넘지 아니할 것
   ④ 과망간산포타슘 소비량은 10 mg/L를 넘지 아니할 것
   ⑤ 일반 세균수(보통 한천 배지에서 집락을 형성할 수 있는 생균을 말함)는 1 cc 중 100을 넘지 아니할 것
   ⑥ 대장균군(그람 음성의 무아포성 단간균으로 유당을 분해하여 산과 가스를 만드는 모든 호기성 또는 통성 혐기성 균을 말한다)은 50 cc 중에서 검출되지 아니할 것
   ⑦ 오수성 생물이 검출되지 아니할 것

2. 동, 철, 불소, 페놀, 기타 물질의 허용량

다음의 허용량을 넘지 아니할 것

① 동 1 mg/L

② 철 및 망간 0.3 mg/L

③ 불소 1 mg/L

④ 납 0.1 mg/L

⑤ 아연 1 mg/L

⑥ 6가 크로뮴 0.05 mg/L

⑦ 비소 0.05 mg/L

⑧ 페놀 0.005 mg/L

⑨ 경도 300 mg/L

⑩ 황산 이온 200 mg/L

⑪ 카드뮴 0.01 mg/L

⑫ 세제(음이온 계면 활성제) 0.5 mg/L

3. 시안, 수은 및 유기인(살충제)이 검출되지 아니할 것

4. 수소 이온 농도는 pH 5.8 ~ 8.5 이내일 것

5. 소독으로 인한 취기 이외에 냄새와 맛이 없을 것

6. 무색 투명하지 아니한 것에 관한 사항

① 색도는 5도를

② 탁도는 2도를

③ 증발 잔유물은 500 mg/L를 넘지 아니할 것

이 책의 실험에서는 일반적인 내용만 실험하여 보려고 한다.

기구 및 시약

플라스크, 비커, 가열 장치, 삼각플라스크(250 mL), 뷰렛, 백반, 피펫

진흙, 백반, NH_4OH, Nessler 시약, d–H_2SO_4(1:1), 10 % KI, 녹말 용액, 1 % $AgNO_3$, NH_4Cl, $CaCO_3$, $CaCl_2$, 10 % KCN, 10 % $BaCl_2$

실험 방법

1. 물의 정제

① 먼저 비커에 물을 약 200 mL 담고 진흙을 약간 풀어서 흙탕물을 만든 다음 거름종이를 통해 거른다.

② 한편 위 흙탕물 일부에 따로 만든 백반 용액(약 2 g의 백반을 30 mL의 더운 물에 용해시킨 것)을 가하고 계속하여 희석한 암모니아수를 약간 가하여 알칼리성이 되도록 한다.

③ 잠시 동안 두었다가 걸러서 위에서 거른 것과 어떠한 차이가 있는지 확인한다.

2. 수질 검사

① 아질산의 검출 : 검사하려는 물 50 mL에 10 % KI 1 mL와 녹말용액 1 mL를 가하고 섞은 다음, d−H_2SO_4 1 mL를 가하여 산성으로 하고 방치하였을 때 5분 이내에 푸른색이 되면 아질산이 유해량 함유되었다는 증거이다.

② 암모니아의 검출 : 검사하려는 물 10 mL에 Nessler 시약 2~5방울을 가했을 때 용액의 색이 담황색~적갈색으로 변하면 암모니아가 유해량 함유되었다는 증거이다.

③ 유기물의 검출 : 검사하려는 물 100 mL에 *d*−H_2SO_4 1 mL를 가하고 0.1 % $KMnO_4$ 1 mL를 가하여 천천히 가열 한다. 5분 동안 끓는 사이에 붉은 색이 없어지면 유기물이 유해량 이상 함유한 증거이다.

④ Cl^- 이온의 검출 : 검사하려는 물 100 mL에 1 % $AgNO_3$ 2~5방울을 가한 후 물이 탁해지는지 확인한다. 또한 실험 ①, ②에서 얻어진 물과 비교하고 물이 탁해지면 Cl^-이온이 유해량 함유되었다는 증거이다.

⑤ SO_4^{2-} 이온의 검출 : 검사하려는 물 10 mL에 10 % $BaCl_2$ 2 mL을 가하고 끓여서 식힌다. 이때 흰 침전물이 생기면 SO_4^{2-}이온이 유해량 있다는 증거이다.

MEMO

실험04_**수질 검사**

결과 보고서

1. 검사에 사용한 시료는 어디서 채취해 왔는가?

2. 각 검사의 결과를 정리하고 검출 반응에 대한 화학 반응식을 작성하라.

1) 아질산 검출과 검출 반응식

2) 암모니아 검출과 검출 반응식

3) 유기물의 검출과 검출 반응식

4) Cl^- 이온의 검출과 검출 반응식

5) SO_4^{2-} 이온의 검출과 검출 반응식

실험04_**수질 검사**

실험 후 고찰

❖ 오늘의 실험을 진행하면서 기대하였던 사항은 무엇인가?

❖ 실험을 진행하면서 기대와 다른 사항은 무엇인가?

❖ 실험 결과가 다른 조에 비하여 다르게 나온 이유는 무엇인가?

❖ 실험을 진행하면서 어려웠던 점은 무엇인가?

❖ 오늘의 실험 결과를 보고 다음에 같은 실험을 한다면 어떠한 점을 개선해야 하는가?

❖ 전반적인 실험 과정에 대하여 조원들끼리 토론하고, 그 사항을 기록하라.

실험 05
산 · 염기 적정

실험 목적

산 · 염기 중화 반응을 이해하고, 적정의 원리를 파악한다. 적정을 이용하여 미지 농도의 산 혹은 염기의 농도를 결정한다. 미지 농도의 산 혹은 염기에 염기 혹은 산을 가하여 중화시켰을 때, 가한 염기 혹은 산의 농도와 부피를 이용하여 미지 농도의 산 혹은 염기의 농도를 결정하는 실험 조작을 적정(titration)이라 한다. 이때 산 · 염기 중화 반응을 이용하여 적정을 수행하는 것을 산 · 염기 적정이라 하고, 산화 · 환원 반응을 이용하여 적정을 수행하는 것을 산화 · 환원 적정이라 한다.

적정을 수행하기 위해서는 그 반응이 빠르게 종결되어야 하며, 눈으로 그 종말점을 쉽게 파악할 수 있어야 한다. 보통 용액의 색이 변화하지 않을 때는 지시약을 이용하여 그 종말점을 파악한다. 산과 염기의 적정은 다음과 같은 반응에 의해 완결되는데

$$H_3O^+(aq) + OH^-(aq) \rightleftarrows 2H_2O(l)$$

이 반응을 중화(neutralization)라고 한다.

이때 측정하고자 하는 산(혹은 염기)의 일정 부피에 대하여 표준물질(산에 대하여 염기)의 농도와 부피를 정확히 측정해야 한다. 산염기 적정에서 표준물질로 사용하는 적정 시약이 염기 시약일 경우 강염기인 NaOH 용액을 주로 사용하는데, 이 용액의 경우 그 농도를 정확히 정량하기 힘들다는 단점이 있다. 이는 시약을 측량하는 과정에서 NaOH 시약의 빠른 조해성 때문에 정확한 질량을 잴 수 없게 만든다. 따라서 상당한 오차를 가진 NaOH 용액은 다시 1차 표준물질을 이용하여 만든 표준용액으로 적정하여 사용한다. 이 과정을 표준화, 혹은 표정이라고 한다.

1차 표준물질(primary standard)은 조해성이 없어서 공기 중에서 안전하게 다룰 수 있어야

하고, 순수한 결정이어서 순도가 높아야 하며, 몰 질량이 커서 질량 오차가 적어야 한다. 보통 산으로써 프탈산 수소 포타슘을 염기에 대한 1차 표준물질로 많이 사용한다. 산에 대한 표준물질은 염기성인 무수 탄산 소듐을 많이 이용한다. 이들 표준물질을 이용하여 정확한 농도의 표준용액을 만들어 NaOH 용액을 표정한 뒤에, 농도를 표준화 한 NaOH 용액을 이용하여 미지 산을 적정할 수 있다.

- **일차 표준물질(primary standard)** : 화학적으로 안정하고 순수하여야 하며 다음 조건을 갖추고 있어야 한다.

① 구입하기 쉽고 조성이 변화하지 않으며 정제, 건조할 수 있어야 한다.
② 무게를 측정하는 동안 공기에 의하여 산화되지 않고 수분이나 CO_2를 흡수하지 않아야 한다.
③ 물에 잘 녹아야 한다.
④ 적정 시 반응이 정량적이고 빠르게 진행되어야 한다.
⑤ g 당량이나 분자량이 커서 질량을 잴 때 상대 오차가 작아야 한다.

표 5-1 일차 표준물질

화합물			화학식량	유의점
산	프탈산 수소 포타슘	$C_6H_4(COOH)(COOK)$	204.233	순수한 상품용 시약을 105 ℃에서 건조하여 염기를 표준화하는 데 사용한다. 페놀프탈레인 종말점을 이용한다.
	요오드산 수소 포타슘	$KH(IO_3)_2$	389.912	센 산이므로 종말점이 pH 5~9 사이에 있는 지시약을 사용한다.
염기	트리스(히드록시 메틸) 아미노 메테인	$H_2NC(CH_2OH)_3$	121.136	순수한 상품용 시약을 100~103 ℃에서 건조하여 센 산을 적정하는 데 사용한다. 종말점은 pH 4.5~5 범위이다.
	탄산 소듐	Na_2CO_3	105.989	일차 표준 물질급의 탄산 소듐을 산으로 적정하면 pH 4 ~ 5의 범위에서 종말점이 나타난다. 종말점 전에 용액을 가열하여 CO_2를 제거하도록 한다.
	붕소산 소듐	$Na_2B_4O_7 \cdot 10H_2O$	381.367	재결정한 시약을 NaCl과 수크로오스로 포화시킨 수용액이 있는 용기 내에서 건조시킨다. 이것이 결정수 10인 $10H_2O$를 포함한 순수한 형태다. 표준 물질은 산으로 적정하며 지시약은 메틸 레드를 사용한다.

산· 염기 적정의 당량점은 염기를 중화시키는 데 꼭 맞는 양의 산을 가했을 때이다. 또는 산을 중화시키는 데 꼭 맞는 양의 염기를 가했을 때이다. 이 당량점은 실험을 통하여 정확하게 찾아내는 것이 불가능하다. 따라서 지시약의 색상이 변하는 등의 물리적 변화가 일어나는 종말점을 이용하여 당량점을 어림한다. 지시약을 잘 고르면 종말점이 당량점과 같으므로 종말점을 찾는 것이 곧 당량점을 찾는 것과 같다.

당량점과 종말점 사이의 부피차를 적정 오차라 한다. 강염기를 이용하여 산을 적정할수록 당량점과 종말점 사이의 오차가 적어지기 때문에 강염기를 이용하여 적정을 수행한다. 반대의 경우도 마찬가지 이유로 강산을 이용하여 적정을 수행한다.

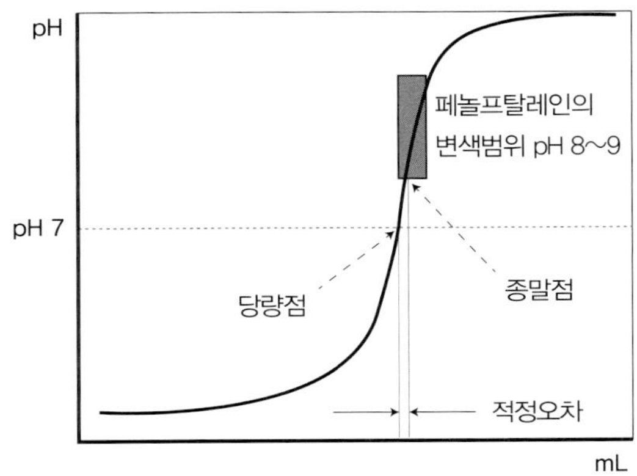

그림 5-1 강산을 강염기인 NaOH로 적정할 때의 적정 곡선

그림 5-1에서 보는 바와 같이 강산 혹은 강염기로 적정할수록 pH의 변화가 당량점 근처에서 빠르게 변하므로, 이 부근의 곡선의 기울기가 90°에 가까울수록 적정 오차는 줄어든다. 강산 강염기의 적정에서 적정 오차는 수 방울 정도로 귀결될 수 있다.

산과 염기가 반응하면 정량적으로 중화되어 염과 물이 생성된다. 예를 들면,

$$HCl + NaOH \rightarrow NaCl + H_2O$$
$$H_2SO_4 + Ca(OH)_2 \rightarrow CaSO_4 + 2H_2O$$

이때 산(또는 염기)의 농도와 부피를 알면 이와 반응한 염기(또는 산)의 농도를 알 수 있다.

다음과 같은 일반적인 산염기 반응식을 이용하여 적정을 수행한다고 하자.

$$a\ HA + b\ BOH \rightarrow A_aB_b + n\ H_2O$$

위와 같은 반응식에서 위 적정 반응식은 아래와 같이 M 농도를 이용하여 사용할 수 있다.

$$b\ M_AV_A = a\ M_BV_B$$

이 식에서 M_A, M_B는 각각 산 A의 몰농도, 염기 B의 몰농도이며, V_A, V_B는 각각 산 A의 부피, 염기 B의 부피이다. 산 · 염기 적정법의 종류와 그때 쓰이는 지시약은 다음과 같다.

1. 센 산과 센 염기의 중화

당량점은 pH 7이며 당량점 전후에서는 적정액의 아주 작은 양에 의해서도 pH 변화가 대단히 크기 때문에 pH 4~10에서 변색하는 지시약을 쓴다. 예를 들면 메틸레드(붉은색 4.2~6.3 노란색), 메틸 오렌지(붉은색 3.1~7.9 노란색), 페놀프탈레인(무색 8.0~10.0 분홍색) 등을 사용한다.

2. 약한 산과 센 염기의 중화

적정 결과 생기는 염이 가수분해되어 알칼리성을 나타내므로 당량점은 pH 〉 7이다. 따라서 보통 pH 7~10에서 변색되는 지시약을 사용한다. 예를 들면 페놀프탈레인, 티몰프탈레인(무색 9.3~10.5 푸른색) 등을 사용한다.

3. 센 산과 약한 염기의 중화

생성된 염의 가수분해로 인하여 당량점은 pH 〈 7이므로 pH 3~7에서 변색되는 지시약을 사용한다. 예를 들면 메틸 오렌지, 콩고 레드(푸른색 3.0~5.2 붉은색), 메틸레드를 쓴다.

기구및시약

비커(200 mL), 깔때기, 삼각플라스크(200 mL), 뷰렛(50 mL), 뷰렛집게, 스탠드, 씻기병, 자석젓개, 메스플라스크(100 mL), 피펫, 가열장치, 유산지(weighing paper), 저울, 무수 탄산 소듐(표준 시약용), 0.1 M HCl, 0.1 M NaOH, 메틸 오렌지, 페놀프탈레인

실험 방법

1. 0.1 M HCl 용액의 표준화

① 깨끗이 씻어 놓은 50 mL들이 뷰렛을 준비하고 이것을 표준화하려고 하는 HCl 용액(약 0.1

M)으로 3번 정도 씻는다.

② 한 번에 약 10 mL 정도씩을 써서 한 번 씻어 낼 때마다 뷰렛 속의 물기가 완전히 흘러내린 후에 다음 번 씻는 조작을 해야 한다.

③ 이 뷰렛의 콕크를 잠그고 표준화하려고 하는 HCl 용액을 윗 눈금(0.00 mL)이 약간 넘을 정도로 채우고, 뷰렛의 콕크를 열어 뷰렛 아래쪽 끝에 들어있는 공기를 제거한 후 뷰렛 윗 눈금에 메니스커스를 맞춘다. 뷰렛의 눈금은 메니스커스의 위치가 이동하지 않고 고정되었을 때에 읽어야 하는데, 적정 직전에 기록하면 좋다.

④ 표준 시약용 순수한 Na_2CO_3 약 0.2 g을 화학 저울 위에 유산지(weighing paper)를 올려놓고 0.1 mg까지 무게를 정확히 달아 측정된 질량을 기록하여 둔다. Na_2CO_3을 250 mL 삼각플라스크에 조심스럽게 넣고 소량의 증류수(약 5 mL)로 녹인다.

⑤ 플라스크 속의 용액 전체의 부피가 50 mL 되도록 증류수를 가하여 조절하고 여기에 페놀프탈레인 지시약 2~3방울을 가한다.

⑥ 뷰렛의 눈금을 기록한 후 HCl 용액을 서서히 가하여 가면서 잘 흔들어주거나 자석젓개로 잘 저어 준다.

⑦ 붉은색이 아주 희미해지면 종말점에 가까워진 것이므로 더욱 천천히 그리고 조심스럽게 한 방울씩 가하여 마지막 한 방울로 무색이 되었을 때를 종말점으로 하여 뷰렛의 눈금을 읽는다. 이것이 첫 번째 종말점에 해당한다.

$$CO_3^{2-} + H^+ \rightarrow HCO_3^-$$

⑧ 이 용액에 또 다시 메틸 오렌지 지시약 2~3방울을 가하고 뷰렛으로부터 HCl 용액을 서서히 떨어뜨려 주황색이 나타날 때까지 적정한다. 이 용액을 조심스럽게 2~3분간 끓여서 녹아 있는 CO_2를 날려보낸다.

⑨ 이때 다시 노란색으로 되돌아오면 삼각플라스크를 찬물로 냉각시켜서 실온으로 유지하고 계속해서 뷰렛으로부터 HCl 용액을 아주 조심스럽게 가하여 주황색으로 변할 때까지 적정하여 뷰렛의 눈금을 읽는다. 이것이 두 번째 종말점이다.

$$HCO_3^- + H^+ \rightarrow H_2O + CO_2$$

⑩ 두 번째 종말점을 당량점이라 간주하고 소비된 HCl의 부피로부터 HCl 용액의 농도를 계산한다.

• 바탕 시험

당량점의 pH는 7이고 메틸 오렌지의 변색점은 pH 3.1이므로 변색점까지 여분으로 들어간 염산의 양을 알기 위해서는 두 번째 종말점에서의 액량과 같은 양의 1 M NaCl 용액을 취하여 메틸 오렌지 2~3방울을 넣고 뷰렛으로부터 주황색이 될 때까지 염산 용액을 가한다. 이 양을 두 번째 종말점까지의 염산의 소비량에서 뺀 값이 더욱 정확한 염산의 소비량이 된다.

2. NaOH 0.1 M 용액의 표준화

① 위 실험에서 표준화된 약 0.1 M HCl 20.00 mL를 피펫으로 정확하게 취하여 삼각플라스크에 넣고 페놀프탈레인 2~3방울을 가한다. 표준화하려고 하는 NaOH 용액(약 0.1 M)을 50 mL 들이 뷰렛에 넣고 메니스커스의 위치가 고정된 후 눈금을 읽고 삼각플라스크 속의 HCl 용액에 천천히 떨어뜨리면서 잘 저어준다.

② 육안으로 겨우 알아 볼 수 있을 정도의 엷은 분홍색이 적어도 10초 동안 없어지지 않고 남아 있을 때까지 조심스럽게 적정하여 뷰렛의 눈금을 읽는다.

③ 3번 적정한 값의 평균값을 구하여 NaOH 용액의 몰 농도(M)를 결정한다.

3. 식초 중의 $HC_2H_3O_2$의 농도 결정

① 시중에서 판매되고 있는 식초 20 mL를 피펫으로 정확하게 취하여 메스플라스크(100 mL)에 옮기고 증류수로 눈금까지 묽힌 다음 마개를 막고 잘 흔들어서 섞는다.

② 이 용액 10 mL를 피펫으로 정확하게 취하여 삼각플라스크에 옮겨 놓고 증류수 30 mL를 가한 다음 페놀프탈레인 지시약 2~3방울을 가하여 0.1 M NaOH 표준 용액으로 적정한다.

③ 3번 적정한 값의 평균값으로부터 $HC_2H_3O_2$의 M 농도를 계산한다.

유의 사항

1. 적정할 때 플라스크 밑바닥에 흰 종이를 받치는 것이 색을 확인하기 쉽다.
2. 용액의 색이 변할 때는 적정액을 한 방울씩 천천히 가한다.

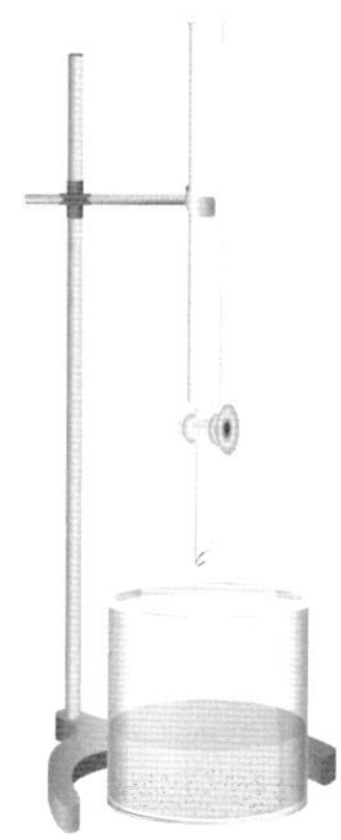

그림 5–2 적정을 위한 장치
비커 밑에 하얀 종이를 깔아두면 색 변화를 쉽게 알 수 있다.
비커 대신 삼각플라스크나 코니컬 비커를 이용하면 편리하다.

실험05_ **산 · 염기 적정**

결과 보고서

1. 0.1 M HCl용액의 표준화

1) 표준화를 위해 측정한 $CaCO_3$의 질량은?

2) $CaCO_3$ 용액의 농도는 얼마인가?

3) 적정에 사용한 $CaCO_3$의 부피는 얼마인가?

4) 적정에 사용한 HCl의 부피는 얼마인가?

5) 표준화된 HCl의 농도를 위의 자료로부터 계산하라.

2. NaOH 용액의 표준화

1) 표준화된 HCl 용액을 적정하는 데 사용한 NaOH 용액의 부피는 얼마인가?

2) 표준화된 HCl 용액의 농도와 사용한 부피, 그리고 사용한 NaOH 용액의 부피로부터 NaOH 용액의 농도를 계산하라.

3. 식초 중의 $HC_2H_3O_2$의 농도 결정

1) 적정에 사용한 식초의 부피는 얼마인가?

2) 적정에 사용하기 위해 사용한 묽힌 식초의 부피는 얼마인가?

3) 묽은 식초를 적정하기 위하여 사용한 표준화된 NaOH 용액의 부피는 얼마인가?

4) 위의 자료로부터 묽은 식초의 농도를 구하라.

5) 위의 자료로부터 시판되는 식초 속의 아세트산의 농도를 결정하라.

6) 자신이 적정하면서 당량점이라고 확신한 상태의 색을 사진을 이용하여 기록하라.

실험05_산 · 염기 적정

실험 후 고찰

❖ 오늘의 실험을 진행하면서 기대하였던 사항은 무엇인가?

❖ 실험을 진행하면서 기대와 다른 사항은 무엇인가?

❖ 실험 결과가 다른 조에 비하여 다르게 나온 이유는 무엇인가?

❖ 실험을 진행하면서 어려웠던 점은 무엇인가?

❖ 오늘의 실험 결과를 보고 다음에 같은 실험을 한다면 어떠한 점을 개선해야 하는가?

❖ 전반적인 실험 과정에 대하여 조원들끼리 토론하고, 그 사항을 기록하라.

실험 06
산화·환원 적정 (과망간산 적정법)

실험 목적

산화 · 환원 적정을 이해하고, 미지 산화물 혹은 환원물의 농도를 구한다.

기초 이론

산화 · 환원 적정(oxidation–reduction titration)이란 산화제 또는 환원제의 표준 용액을 사용하여 시료 물질을 산화 또는 환원시키는 데 소모된 산화제 또는 환원제의 양을 측정하여 시료 물질 중의 산화 물질 또는 환원 물질을 정량하는 방법이다. 따라서 산화제는 시료 물질에서 전자를 빼앗아 환원되고 환원제는 시료 물질에 전자를 주어 산화되는 것이다.

예를 들어

산화 ($H_2 \rightarrow H_2O$), 환원 ($CuO \rightarrow Cu$)

$$CuO + H_2 \longrightarrow Cu + H_2O$$: 산소와 결합(산화) 또는 분리(환원)

산화 ($H_2S \rightarrow S$), 환원 ($Cl_2 \rightarrow 2HCl$)

$$Cl_2 + H_2S \longrightarrow 2HCl + S$$: 수소와 결합(환원) 또는 분리(산화)

산화수의 증감에 따라서도 산화 · 환원을 나눌 수 있다.

위 반응에서 구리원자는 산화수(CuO에서 구리의 산화수는 +2)가 +2에서 0(Cu의 산화수는 0)으로 감소하였으므로 환원이며, 수소원자(H_2에서 H의 산화수는 0)는 0에서 +1(H_2O에서 수소의 산화수는 +1)로 증가하였으므로 산화이다.

전자를 얻고 잃음에 따라서도 산화 · 환원을 설명할 수 있다.

전자 잃음(산화)

$$S^{2-} + Cl_2 \longrightarrow S + 2Cl^- $$: 전자의 잃음(산화)과 얻음(환원)

전자 얻음(환원)

산화 · 환원 적정의 종말점(end point)은 과망간산 적정법(permanganate titration)과 같이 자체의 색으로, 아이오딘 적정법(iodometry)과 같이 다른 지시약의 사용으로, 전위차 적정법과 같이 전기적인 방법으로 판정된다.

산화 · 환원 적정에서 당량점은 환원제 모두를 산화시키는 데 꼭 필요한 산화제를 가했을 때이다. 당량점은 산화 상태에서 환원 상태로 변환될 때 색깔이 변하는 물질인 산화 · 환원 지시약의 색깔을 관찰함으로써 찾을 수 있다.

예로 철의 착화합물인 페로인을 들 수 있는데 이것은 산화 형태에서는 거의 무색에 가까운 연한 파란색이고 환원 형태에서는 빨간색으로 변한다. 반응물들 중의 하나가 환원 형태에서와 산화 형태에서의 색깔이 다르면 지시약을 쓰지 않고도 당량점을 알 수 있다. 용액 중의 철(Ⅱ)이 과망간산 이온에 의해서 철(Ⅲ)로 산화될 때가 이런 경우이다. 과망간산 이온은 보라색이지만 산성 용액 중에서는 다음 반응에 의해 연한 분홍색인 Mn^{2+}로 환원된다.

$$MnO_4^-(aq) + 8H^+(aq) + 5e^- \rightarrow Mn^{2+}(aq) + 4H_2O(l)$$

철은 다음 반응으로 산화된다.

$$Fe^{2+}(aq) \rightarrow Fe^{3+}(aq) + e^-$$

전체 반응은

$$5Fe^{2+}(aq) + MnO_4^-(aq) + 8H^+(aq) \rightarrow 5Fe^{3+}(aq) + Mn^{2+}(aq) + 4H_2O(l)$$

철 이온들은 거의 무색이므로 용액은 당량점에 도달한 직후 즉 가한 과망간산 이온이 그대로 남기 시작할 때 보라색으로 변한다. 과망간산 이온에 의한 산화와 같은 산화 · 환원 반응에서는 반응 시약 자체의 색깔은 진하지만 이 시약이 환원 생성물로 바뀌었을 때는 색깔이 엷어지기 때문에 지시약 없이도 적정이 가능하다.

산화 · 환원 반응이 아주 빠른 속도로 일어날 경우에는 산 · 염기 반응에서와 같이 한 반응 시약을 다른 것으로 적정하는 것이 가능하다. 그러한 산화 · 환원 적정에서는 산화 · 환원 지시약을 써서 종말점을 알아내는 데 이러한 산화 · 환원 지시약은 산화 또는 환원될 때 조금만 존재하여도 변색될 수 있는 물질이며 적정될 시약이 완전히 소모된 직후 이 지시약은 산화 또는 환원된다.

과망간산 포타슘을 부피분석에 해당하는 적정 시약으로 사용할 때의 주요 이점은 다음과 같다.

① 매우 강한 산화제이다.

② 용액에서 진한 색을 띤다. 0.002 M $KMnO_4$ 0.2 mL의 적은 양을 100 mL의 물에 가해도 연한 분홍색을 나타낸다. 따라서 다른 색을 나타내는 물질이 존재하지 않는 적정에서는 어떤 다른 지시약이 필요 없다. 첫 번째의 영구적인 분홍색이 종말점을 가리킨다.

과망간산 포타슘의 단점은 다음과 같다.

① $KMnO_4$염은 순수한 상태로 얻을 수 없다. 이 염은 서서히 분해하는 경향이 있기 때문이다. 그러므로 이 물질은 일차 표준 물질로 적합하지 않다. 대신 원하는 농도의 용액을 만들고 일차 표준 용액으로 이것을 표정한다. 과망간산 용액에 대해 흔히 쓰이는 일차 표준 물질은 옥살산 소듐($Na_2C_2O_4$)이다.

② 적정은 산성 용액에서 이루어져야 한다. 중성이나 알칼리 용액에서 망간의 환원은 +4 상태에서 멈춘다. 이때 이산화 망간(MnO_2)이 침전된다.

③ $KMnO_4$ 용액은 오래 보관할 수 없다. 이 용액은 미량의 유기물의 존재 하에서도 분해되고 MnO_2가 침전된다. MnO_2는 촉매 역할을 하여 $KMnO_4$의 분해를 가속화한다. 이러한 이유 때문에 이 용액은 분석에 사용하고자 할 때를 거의 맞춰 표정해야 한다. 또한 이 용액을 열, 빛, 유기 물질로부터 보호해야 한다.

이러한 단점에도 불구하고 $KMnO_4$용액은 산화 · 환원 적정에 사용하기 쉽다. 적정 중에 일어나는 화학 반응은 Mn^{7+} 상태에서 Mn^{2+} 상태로의 망간의 환원이다.

$$MnO^{4-}(aq) + 8H^{+}(aq) + 5e^{-} \rightarrow Mn^{2+}(aq) + 4H_2O(l)$$

과망간산 포타슘을 표정하기 위하여 쓰이는 일차 표준 물질인 옥살산 소듐은 물에서 이온화하여 옥살산 이온($C_2O_4^{2-}$)를 내놓는다. 옥살산 이온의 이산화 탄소로의 산화에 대한 알짜 이온 방정식은 다음과 같다.

$$C_2O_4^{2-}(aq) \rightarrow 2CO_2(g) + 2e^{-}$$

위 식을 과망간산 이온의 환원식에 합하면 전자의 잃음과 얻음이 정확히 꼭 같은 완결된 산화·환원식을 얻을 수 있다. $Na_2C_2O_4$은 $KMnO_4$과 반응하여 다음과 같은 산화·환원반응을 일으킨다.

$$2MnO_4^{-}(aq) + 5C_2O_4^{2-}(aq) + 16H^{+}(aq) \rightarrow 2Mn^{2+}(aq) + 10CO_2(g) + 8H_2O(l)$$

이 식으로부터 2몰의 과망간산 이온이 5몰의 옥살산 이온과 반응함을 알 수 있다.

두 번째 실험에서 표정된 $KMnO_4$를 이용하여 과산화 수소 용액의 농도를 결정한다. 과산화 수소(H_2O_2)는 강한 산화제이며 순수한 것은 쉽게 폭발한다. 따라서 항상 수용액으로 사용한다. 수용액에서는 이 물질을 안전하게 다룰 수 있다. 과산화 수소용액은 보통 방부제나 모발 표백제로 사용된다. 이러한 용도는 산화제로서 작용하기 때문이다.

과산화 수소 분자나 다른 과산화물에서 산소의 산화 상태는 −1이다. 과산화물의 대부분의 반응에서 산소는 −2 산화 상태로 환원된다. 그러나 과산화 수소 중의 산소가 과망간산 이온과 반응하면 기체 산소에서 볼 수 있는 0의 산화 상태로 산화된다.

따라서 이런 반응에서 과산화 수소는 환원제로써 작용한다. 이 반응에 대한 완결된 산화·환원반응식은 다음과 같다.

$$2MnO_4^{-}(aq) + 5H_2O_2(aq) + 6H^{+}(aq) \rightarrow 2Mn^{2+}(aq) + 5O_2(g) + 8H_2O(l)$$

기구 및 시약

비커(300 mL), 메스 플라스크(250 mL), 삼각 플라스크(500 mL), 피펫, 갈색 시약병, 온도계, 갈색 뷰렛(50 mL), 뷰렛집게, 스탠드, 스포이드, 중탕냄비, 전열기, 화학저울, 무게 다는 병.
0.1 M $KMnO_4$ 표준용액, H_2SO_4(1:1), 시판용 H_2O_2, $Na_2C_2O_4$

실험 방법

1. 0.1 M $KMnO_4$ 용액의 표준화

① $KMnO_4$ 용액의 농도를 결정하는 데 쓰이는 표준 물질로 As_2O_3, $H_2C_2O_4$, $Na_2C_2O_4$, 순수한 철 및 모어염 등이 있으나, 이 실험에서는 $Na_2C_2O_4$을 쓰기로 한다. 옥살산 소듐은 독성이 있으므로 엎질러졌을 때 즉시 쓸거나 닦는다.

② 순도가 높은 $Na_2C_2O_4$ 1~1.5 g을 취하여 화학저울로 정확하게 무게를 달아 250 mL 메스 플라스크에 조심스럽게 넣고 소량의 증류수를 넣어 흔들어서 완전히 용해시킨 후 눈금까지 조심스럽게 증류수를 채운 다음 잘 섞어 준다.

③ 이 용액 25 mL를 피펫으로 정확하게 취하여 500 mL들이 삼각 플라스크에 넣고 전체 액량이 약 200 mL로 되게 증류수를 가하여 희석시킨 후 H_2SO_4(1:1) 10 mL를 가한다.

④ 이 삼각 플라스크를 70~80 ℃로 유지된 물중탕에 담그어 놓고 잘 흔들어 주면서 뷰렛으로부터 $KMnO_4$ 표준 용액을 천천히 가하여 적정한다.

⑤ 적정 도중에는 가한 $KMnO_4$ 용액의 자주색이 퇴색되어 없어질 것이나 당량점에 가까워지면 용액을 잘 흔들어 주지 않으면 색깔이 쉽게 없어지지 않는다.

⑥ 적정 용액의 마지막 한 방울에 의해서 희미한 분홍색이 약 30초 동안 없어지지 않고 지속되는 점을 종말점으로 한다. 미리 준비한 다른 플라스크에 종말점에서와 같은 양의 순수한 증류수를 넣고 여기에 $KMnO_4$ 용액 한 방울을 가하여 생긴 용액의 색과 같도록 종말점의 색을 비교하면 종말점이 더욱 명료해진다.

⑦ 이상의 실험을 3번 반복하여 평균값을 구하고 이 값으로부터 $KMnO_4$ 용액의 정확한 농도를 구한다.

2. H_2O_2 수용액의 정량

① 3 % H_2O_2(비중 1.01) 10 mL를 피펫으로 정확하게 취하여 100 mL들이 메스플라스크에 넣고 눈금까지 조심스럽게 증류수를 채운다.

② 이 용액 10 mL를 피펫으로 정확하게 취하여 100 mL들이 메스플라스크에 넣고 눈금까지 증류수를 채운다.

③ 다시 이 용액 10 mL를 정확하게 취하여 400 mL들이 삼각 플라스크에 넣고 증류수로 묽혀서 전체 액량이 200 mL 정도로 되게 한 다음 H_2SO_4(1:1) 20 mL를 가한다.

④ 이것을 상온에서 뷰렛으로부터 0.1 M $KMnO_4$ 표준 용액을 조심스럽게 천천히 떨어뜨려 적정한다. 마지막 한 방울에 의해서 희미한 분홍색이 없어지지 않고 30초 이상 지속되는 점이 종말점이다.

H_2O_2는 산성 용액에서 $KMnO_4$에 의하여 다음과 같이 산화된다.

$$2MnO_4^-(aq) + 5H_2O_2(aq) + 6H^+(aq) \rightarrow 2Mn^{2+}(aq) + 5O_2(g) + 8H_2O(l)$$

실험06_**산화 · 환원 적정**

결과 보고서

1. 0.1 M $KMnO_4$ 용액의 표준화

1) 사용한 옥살산 소듐의 질량은?

____________________ g

2) 사용한 옥살산 소듐의 몰수는?

____________________ mol

3) 제조한 옥살산 소듐 용액의 정확한 농도는?

____________________ M

4) $KMnO_4$ 표준 용액을 적정하는 동안의 색 변화와 온도를 기록하라.

5) 종말점을 찾고, 사용한 옥살산 소듐 용액의 부피를 기록하라.

1차 : ______________________ mL

2차 : ______________________ mL

3차 : ______________________ mL

6) 적정 결과 옥살산 소듐 용액의 농도로부터 계산한 $KMnO_4$ 용액의 농도는?

1차 : ______________________ M

2차 : ______________________ M

3차 : ______________________ M

7) 3차례 반복된 결과 계산한 $KMnO_4$ 용액의 평균 농도는 얼마인가?

______________________ M

2. H_2O_2 수용액의 정량

1) 사용한 H_2O_2의 부피는?

______________________ mL

2) 사용한 $KMnO_4$ 표준 용액의 정확한 농도는?

______________________ M

실험06_**산화 · 환원 적정**

실험 후 고찰

❖ 오늘의 실험을 진행하면서 기대하였던 사항은 무엇인가?

❖ 실험을 진행하면서 기대와 다른 사항은 무엇인가?

❖ 실험 결과가 다른 조에 비하여 다르게 나온 이유는 무엇인가?

❖ 실험을 진행하면서 어려웠던 점은 무엇인가?

❖ 오늘의 실험 결과를 보고 다음에 같은 실험을 한다면 어떠한 점을 개선해야 하는가?

❖ 전반적인 실험 과정에 대하여 조원들끼리 토론하고, 그 사항을 기록하라.

실험 07 기체상수(*R*) 결정

실험 목적

기체상수를 이해하고, 이를 구할 수 있다. 시험관 내부의 압력을 대기압과 같게 만드는 방법을 이용하여 기체의 압력을 구하고, 증기압과 부분 압력을 이해한다.

기초 이론

대부분의 기체들은 비교적 높은 온도와 낮은 압력 하에서 이상 기체의 상태 방정식 $PV=nRT$를 만족시킨다. 여기서 P는 기체의 압력(보통 기압 단위로 측정), V는 기체의 부피(보통 L), n은 존재하는 기체의 몰수, R은 기체상수로 알려진 상수값이며 T는 절대온도(Kelvin)이다. 이 법칙은 모든 기체들에 대하여 대략적으로 맞으며 기체상수라 불리는 상수 R은 모든 기체에 대하여 같은 값을 갖는다.

주어진 시료에 대하여 P, V, n 및 T를 측정하고 $R=PV/nT$를 계산한다. 한 가지 기체에 대한 R을 결정하면 같은 값을 어느 기체에나 적용할 수 있다. 물론, 여기서 연구하는 기체는 이상적인 방법으로 행동으로 가정한다. 기체들이 이상 기체 상태 방정식을 만족하면 기체는 이상적으로 거동한다고 할 수 있다. 실제 기체들 또는 자연 상태에서 발견할 수 있는 기체들이 반드시 이상적으로 거동하지는 않는다. 그러나 산소, 질소, 수소(이들은 낮은 끓는점을 가졌다)와 같은 기체들은 몇 기압 이하의 압력과 실온에서 거의 이상적이다. 그러므로 큰 오차 없이 이상 기체 상태 방정식을 사용할 수 있다. 기본적으로 0 ℃(273.15 K)와 1.00기압에서 기체 1몰은 22.4 L를 차지하므로 기체상수(R)를 결정하려면 이 식에 들어 있는 다른 값들을 측정하면 된다.

이 실험에서는 산소 기체의 압력, 부피, 및 온도를 계산한 후 위의 상태 방정식을 써서 R값을 계산하려고 한다. 이론적으로 0 ℃, 1 기압에서 기체 1몰은 22.4 L를 차지하므로 기체상수 R은 아래와 같이 계산할 수 있다.

$$R = \frac{1.00\ \text{atm} \times 22.4\ \text{L}}{1.00\ \text{mol} \times 273.15\ \text{K}} = 0.0826\ \text{atm} \cdot \text{L/mol} \cdot \text{K}$$

산소 기체는 $KClO_3$에 MnO_2 촉매를 넣고 가열하여 만들 수 있다. 시료($KClO_3$)의 중량 감소로부터 발생된 산소 기체의 몰수를 알 수 있고, 부피와 온도를 측정하면 이를 이용하여 기체상수 R을 측정할 수 있다.

이 실험에서 발생한 O_2 기체의 부피는 시약병 속의 물의 양을 이용하여 측정할 수 있다. 시험관으로부터 발생한 기체가 시약병 속으로 들어오면 시약병 속의 내부 압력이 높아지고, 외부 압력과 같은 수준으로 되기 위해 시약병 내부의 물을 바깥으로 밀어내는데, 만일 내부 압력이 외부보다 낮다면 밀어냈던 물을 다시 빨아들이게 될 것이다.

실험 초기에는 가열된 O_2 기체였기 때문에 외부로 물을 밀어내겠지만, 이 기체가 식으면 내부 압력이 오히려 외부보다 작아져서 외부로 밀어낸 물을 다시 빨아들일 것이다. 내부와 외부의 온도가 같아지고, 압력이 평형을 이루게 되면 더 이상의 물의 이동은 없을 것이며, 이때 밀려난 물의 부피는 내부에 증가한 산소 기체의 부피에 해당한다.

한 가지 유의할 점은 내부 압력은 산소 기체와 물의 수증기의 압력의 합으로 이루어져 있으며, 그 합은 외부 압력과 같다. 따라서 산소 기체의 부피와 압력, 온도를 이용하여 산소 기체의 몰수를 계산하기 위해서는 내부 압력을 이루는 두 기체(산소 기체, 수증기)의 분압을 각각 알아야 하며, 산소 기체의 분압은 총 내부압력(외부 기압과 같다)에서 해당 온도의 물의 수증기압을 빼주어야 한다.

각 온도에서 물의 수증기압은 표 7-1과 같다. 그밖의 온도에 대한 수증기압은 부록을 참조하도록 한다.

표 7-1 온도별 수증기압

온도 T, ℃	압력 P, mmHg	온도 T, ℃	압력 P, mmHg
13	11.2	26	25.2
14	12.0	27	26.7
15	12.8	28	28.3
16	13.6	29	30.0
17	14.5	30	31.8
18	15.5	31	33.7
19	16.5	32	35.7
20	17.5	33	37.7
21	18.7	34	39.9
22	19.8	35	42.6
23	21.1	36	44.6
24	22.4	37	47.1
25	23.8	38	49.7

산소 기체의 몰수는 사용한 시약의 양으로부터 구할 수 있고, 산소 기체의 압력은 시약병 속의 산소 기체의 분압에 해당하며, 산소 기체의 부피는 밀어낸 물의 부피이다. 실험적으로 기체 상수, R을 구하기 위해서 앞서의 식에 다음과 같이 대입할 수 있다.

$$R = \frac{P_{O_2} V_{O_2}}{n_{O_2} T}$$

P_{O_2} : 내부 산소의 분압 = 내부 총 압력 − 온도 T에서의 수증기압

= 외부 대기압 − 온도 T에서의 수증기압

V_{O_2} : 발생한 산소의 부피 = 밀어낸 물의 부피

n_{O_2} 5 : 발생한 산소의 몰수 = 사용한 $KClO_3$의 몰수

= 감소한 시약의 질량 / 산소(O_2)의 분자량

T : 시약병의 절대 온도 = 시약병 주위의 외부 온도

기구 및 시약

시험관, 비커(1 L), 시약병(1 L), 고무관, 시험관 집게, 증발접시, 도가니, 눈금실린더(100 mL)

$KClO_3$, MnO_2

실험 방법

① $KClO_3$ 약 3 g을 증발접시에 담고 작은 불꽃으로 조심스럽게 가열하면 건조한 상태의 시료를 얻는다. 촉매로 사용할 MnO_2는 약 0.2 g을 깨끗한 도가니에 넣고 약 1~2분 가열한다.

② $KClO_3$와 MnO_2가 냉각된 뒤에 두 시약을 한 곳에 섞고 시험관 속에 넣는다.

③ 그림 7-1과 같이 기체 발생 장치를 꾸민다. ②의 시약을 넣은 시험관 밑에는, 알콜 램프 혹은 분젠버너로 가열할 수 있도록 장치한다. 그리고 마개 및 유리관의 연결 부분을 통해서 기체가 새는 것을 확인한다. 만일 기체가 새는 구멍이 발견되면 파라핀이나 양초를 녹여서 막거나, 실리콘으로 밀봉한다.

④ 시약을 넣은 시험관의 무게를 가능한 한 정확히 달아서 그 무게를 기록한다.

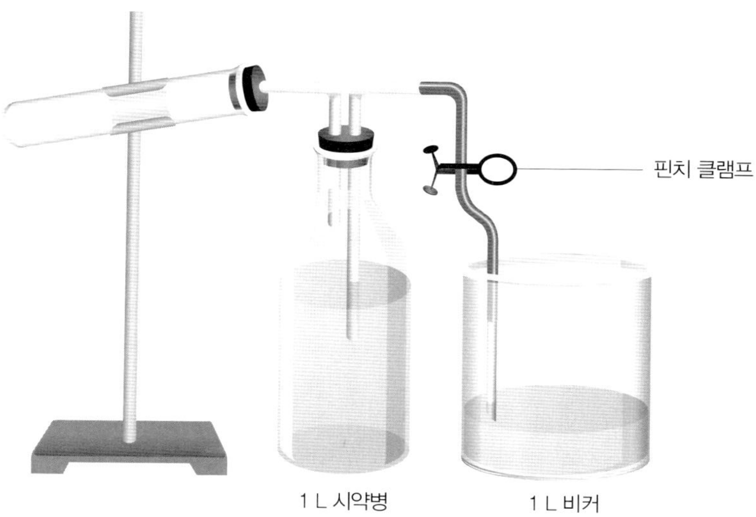

그림 7-1 기체 발생 장치

⑤ 시약병에 물을 채우고 유리관을 사용하여 시약을 담은 시험관을 연결한다. 시험관은 거의 수평이 되게 기울이고 그 속의 시료가 가능한 한 바닥에 넓게 퍼지게 하되 고루 가열될 수 있도록 하고, 마개까지 퍼지지 않게 한다.

⑥ 시약병과 비커를 유리관으로 연결하고 물을 채운 시약병과 비커의 수면을 동일하게 조절하면 시약병 안의 압력을 대기압과 같게 할 수 있다. 핀치 클램프를 잠그고 비커의 물을 비운 뒤에 다시 제자리에 놓고 핀치 클램프를 열어 준다.

⑦ 위와 같은 준비가 끝나면 작은 불꽃으로 시험관의 위쪽 부분부터 서서히 가열한다.

⑧ 산소 기체가 발생하면 가열을 중지하고 서서히 기체가 발생하도록 하는 것이 좋다.

⑨ 기체가 발생되면 증가된 압력 때문에 시약병 속의 물이 비커로 밀려나오게 될 것이다. 그리고 관의 뾰족한 끝머리가 항상 비커의 물속에 잠겨 있게 한다.

⑩ 비커로 밀려나온 물의 양이 600~800 mL 정도가 되면 가열을 중지하고 시험관이 실온이 될 때까지 기다린다.

⑪ 그 다음 시약병과 비커의 수면 높이를 같게 다시 한 번 조심스럽게 조절한 뒤 핀치클램프를 잠근다. 이 과정은 시험관과 실린더 속의 기체 압력이 대기압과 같게 하기 위함이다.

⑫ 눈금 실린더를 이용하여 비커 속의 물의 부피를 측정한다. 이 부피는 시험관에서 발생한 산소의 부피와 같다.

⑬ 반응 시료가 담긴 시험관을 다시 달아서 그 무게를 기록한다. 그리고 대기 압력과 온도를 기록한다.

⑭ 산소 기체의 부분 압력은 측정된 온도에서 물의 증기압을 찾아서 계산한다.

유의 사항

1. 시험관을 가열할 때 시약병의 물이 가열되지 않도록 주의한다.
2. 시험관과 시약병 사이를 석면판으로 막으면 좋다.

MEMO

실험07_ **기체상수(R) 결정**

결과 보고서

1. 사용한 $KClO_3$와 MnO_2의 정확한 질량은 얼마였는가?

2. 사용한 $KClO_3$의 몰수는?

3. 비커에 받아진 물의 부피는?

4. 발생한 O_2의 부피는?

5. 포집된 시약병 속의 온도는?

6. 측정된 온도에서 물의 증기압은 얼마인가?

7. 시약병 속의 O_2의 부분압은?

8. 기체상수 *R*을 위의 데이터를 이용하여 계산하라.

9. 자신이 꾸민 장치의 모습을 사진으로 기록하라.

실험07_기체상수(R) 결정

실험 후 고찰

❖ 오늘의 실험을 진행하면서 기대하였던 사항은 무엇인가?

❖ 실험을 진행하면서 기대와 다른 사항은 무엇인가?

❖ 실험 결과가 다른 조에 비하여 다르게 나온 이유는 무엇인가?

❖ 실험을 진행하면서 어려웠던 점은 무엇인가?

❖ 오늘의 실험 결과를 보고 다음에 같은 실험을 한다면 어떠한 점을 개선해야 하는가?

❖ 전반적인 실험 과정에 대하여 조원들끼리 토론하고, 그 사항을 기록하라.

실험 08
비누 제조

실험 목적

유지와 알칼리를 이용한 비누화 반응을 수행함으로서 비누화 원리를 이해한다.

기초 이론

비누는 약 500년 전에 나무의 재와 동물의 지방(fat)으로부터 처음으로 만들어졌지만 1938년까지만 해도 거의 모든 비누는 소규모로 생산되어 왔다. 그러나 현대에는 대량의 비누가 소비되고 그 종류도 매우 다양해졌다. 비누를 만들 때 사용하는 지방과 오일은 3개의 지방산(fatty acid)이 글리세린과 에스터화되어 있는 triglyceride이다. 지방은 기다란 탄소 사슬의 탄소수가 12~18개 사이의 포화 또는 불포화 지방산 분자로 되어 있다. 지방 혼합물을 가성소다(NaOH) 용액으로 비누화시켜 비누를 만들고 글리세린은 추출한다. 결과적으로 비누의 성질은 지방산 혼합물의 양과 구성 성분에 의해 결정되는데 탄소사슬의 길이가 짧은(탄소 원자 수가 12 이하) 것은 피부에 흡착되어 나쁜 영향을 줄 수 있으므로 바람직하지 않다. 지방과 NaOH 수용액을 섞어 가열하여 가수분해시킨 후 염을 첨가하여 비누를 석출시킨다. 이렇게 얻어진 비누는 보통 여러 번 재침전에 의하여 정제하고, 화장 비누일 경우 향료, 색소 등이 첨가된다. 긴 사슬의 지방산의 소듐염(soap)은 대부분 물과 잘 섞이지만 완전히 해리된 형태의 각각의 이온으로 녹아 있는 것은 아니다. 매우 묽은 용액을 제외하고 비누는 미셀(micelles)구조로 존재한다.

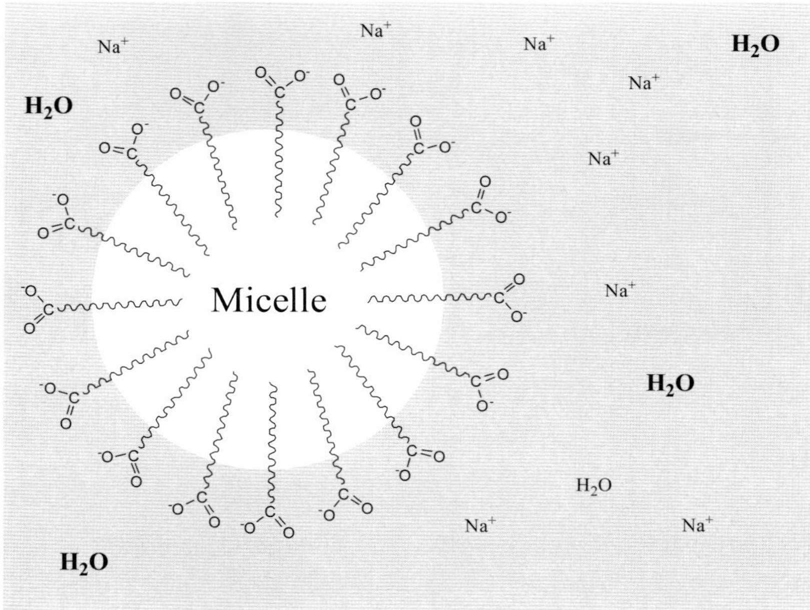

그림 8-1 비누 미셀(Micelle) 계면의 구성. 분산매 중에서의 모양

비누의 미셀 구조는 보통 수용상에 퍼져 있는 지방산 이온의 구형의 뭉치(spherical clusters)이다. 지방산 음이온은 표면에 음이온끼리 모여 있고, 비극성 탄화수소는 안쪽으로 모여 있다. 이 음이온 부분은 친수성(hydrophilic)이어서 물과 잘 섞이며 비극성 탄화수소는 소수성(hydrophobic)으로 기름과 잘 섞인다. 결국 친수성이 있는 부분은 수용액 중에서 바깥쪽으로 오게 되고 친유성이 있는 부분은 미셀 구조의 안쪽에 있게 된다.

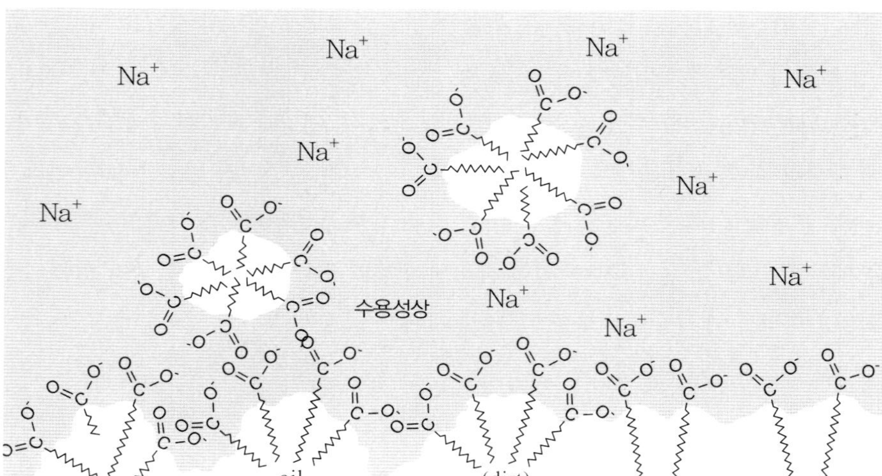

그림 8-2 비누에 의해 더러운 기름 때가 제거되는 모습

미셀의 표면은 음으로 하전되어 있기 때문에 각각의 미셀들은 서로 반발하게 되어 수용액 중에서 서로 퍼져 있게 된다. 이와 같은 방법으로 비누는 때를 제거한다.

대부분의 때 입자(dirt particles)는(예를 들어 피부에 있는 때) 오일 층으로 둘러싸여 있어서 물분자만으로는 기름 층을 통과할 수 없기 때문에 기름 층이나 기름 층이 들어 있는 표면에서 각각의 기름 방울들을 분리해 낼 수 없다. 그러나 비누는 탄화수소의 기름 층(oil layer)을 녹일 수 있기 때문에 각각의 입자들을 분리해 낼 수 있다. 합성 세제도 역시 이와 같은 방법으로 작용을 하며 대부분의 합성 세제의 극성 부분은 sodium sulfonates 혹은 sodium sulfates로 되어 있다.

센물에서는 Mg^{2+} 혹은 Ca^{2+}와 같은 양이온이 많아 비누 분자의 친수성 부분의 음이온과 결합하여 침전물을 만들기 때문에 비누 거품이 잘 일어나지 않고, 그 역할을 제대로 하지 못한다. 때문에 온천수와 같은 센물에서는 친수성 부분이 음전하가 아닌 양전하를 띠는 작용기로 대치한 합성 세제를 이용하면 거품이 잘 일어나고 때가 잘 지워진다.

비누를 만들 때에는 사용하는 유지의 종류에 대한 NaOH의 양이 문제되며, 이들의 양적 관계를 검화가(혹은 비누화가: saponification value)라 한다. 검화가는 유지 1 g을 비누화하는 데 필요한 KOH의 mg 수, 혹은 NaOH의 mg 수로서, 이 값을 알아야 그 유지 1 g을 비누로 만드는 데 필요한 NaOH의 양을 알 수 있다.

기구 및 시약

비커, 시계접시, 가열기, 유리봉

우지, 야자유, 수산화 소듐, 소금, 알코올, 염산

실험 방법

1. 비누화

① 우지 20 g, 야자유 10 g을 각각 달아서 200 mL 비커에 넣는다.

② 고체 NaOH 15 g을 물 50 mL에 녹이고 그 반을 다른 비커에 옮긴 다음 물 50 mL를 가하여 희석시킨다.

③ 우지를 담은 비커를 물중탕에 넣고 묽은 NaOH 용액을 넣은 후 저어가면서 서서히 가열한다.

④ 약 1시간 정도 중탕을 사용하여 70~80 ℃정도로 가열한 다음 나머지 진한 NaOH 용액을 교반하면서 가하고 유지가 눋지 않도록 주의하여 다시 가열한다.

2. 염석

① 앞서 비누화가 된 상태에 NaCl 20 g 정도를 소량씩 가하면서 가열을 계속하면 비누 성분은 상층으로 올라온다.

② 떠오른 고체를 건진 후 부순 다음 물로 가볍게 헹군다.

③ 다시 다른 비커에 옮기고 가열하여 녹인 다음 틀에 부어 굳힌다.

3. 글리세린의 추출

① 비누를 꺼낸 나머지 액은 묽은 염산으로 중화하고 여과한다.

② 불순물을 걸러내고 여과액을 증발접시에 옮겨 농축하고 냉각 후 여과한다.

③ 이 액에 알코올 20 mL를 가하고 교반한다. 글리세린은 알코올 속으로 녹아들어간다.

④ 알코올을 증발 농축하면 글리세린을 얻는다.

실험08_ **비누 제조**

결과 보고서

1. 사용한 유지들은 각각 몇 g인가?

2. 비누화 과정을 사진으로 기록하여 보아라.

실험08_비누 제조

실험 후 고찰

❖ 오늘의 실험을 진행하면서 기대하였던 사항은 무엇인가?

❖ 실험을 진행하면서 기대와 다른 사항은 무엇인가?

❖ 실험 결과가 다른 조에 비하여 다르게 나온 이유는 무엇인가?

❖ 실험을 진행하면서 어려웠던 점은 무엇인가?

❖ 오늘의 실험 결과를 보고 다음에 같은 실험을 한다면 어떠한 점을 개선해야 하는가?

❖ 전반적인 실험 과정에 대하여 조원들끼리 토론하고, 그 사항을 기록하라.

실험 09
아스피린 합성

실험 목적

해열 진통제 아스피린을 직접 합성하여 보고, 유기 합성의 기본 원리를 이해한다.

기초 이론

아스피린(Aspirin)은 현재 전 세계인이 하루 복용하는 양이 수억 알에 이르는 가장 널리 사용되는 약이다. 최근에는 인공적으로 합성하지만 이 약은 원래 생약에서 기원했다. 고대 희랍의 히포크라테스는 버드나무 껍질에 해열 능력이 있음을 발견하였고, 그 후 2000여 년이 지나 영국에서 버드나무 껍질 즙의 해열 효능을 확인하였다. 60여 년 후에 이탈리아 화학자들은 버드나무 껍질에서 약효의 주성분인 살리실산을 분리해 냈다. 이 살리실산(salicylic acid)은 해열(analgestic), 진통(antipyretic) 및 소염(anti-inflammatory) 작용이 있다는 것을 밝혀 냈지만 산성도가 너무 세기 때문에 입, 식도, 위장의 점막 등을 자극시켜 복용에 불편하였다.

1893년 독일의 Bayer사의 Felyx Hofman이 이러한 단점을 없엔 아세틸 살리실산을 합성한 후 아스피린(aspirin)이란 상품명으로 치료제로 본격적으로 사용하게 되었다. 보통 아스피린 한 태블릿에는 아세틸 살리실산 0.3 g이 들어 있으며 강력 아스피린에는 0.5 g이 들어 있다. 아세틸 살리실산은 실험실에서 쉽게 합성할 수 있는 에스터 화합물이다. 에스터란 알코올과 카르복시산으로부터 생성되는 것인데 대부분 자연적으로 생성되어 꽃, 식물, 과일 등의 냄새와 맛을 내는 원인이 된다. 또한 페인트, 광택제(메니큐어 용 에나멜의 용제, 부틸 아세테이트)나 액체 아교와 같은 생성물에 대한 용매로써 공업적으로도 많이 사용한다.

아스피린은 한 분자의 알코올과 한 분자의 유기산이 반응하여 작은 분자의 물이나 알코올이 떨어져 나오는 에스터화(esterification) 반응을 거쳐 생성한다. 에스터화 반응은 가역 반응이며 반응을 촉진시키기 위하여 소량의 황산 또는 인산을 사용한다. 그러나 무엇보다도 역반응을 방지하기 위하여 생성되는 물이나 알코올 같은 작은 분자를 제거하는 것이 좋다. 이들 작은 분자들을 제거하기 위하여 증류하면서 반응시키기도 한다.

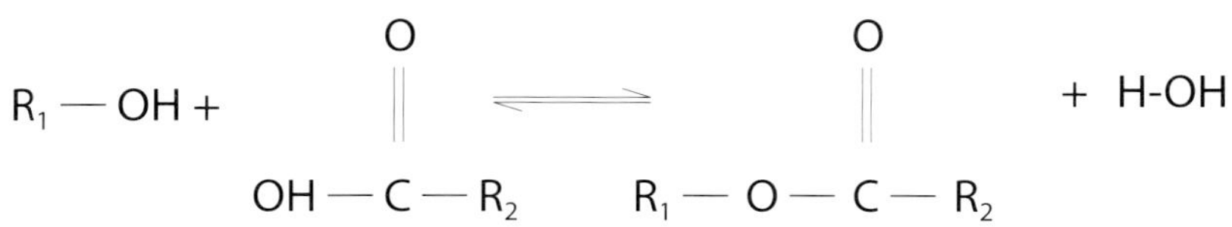

alcohol　carboxylic acid　ester　water

본 실험에서는 H_3PO_4를 촉매로 하여 살리실산과 무수 아세트산을 반응시켜서 아스피린을 합성하고자 한다. 보통 아스피린은 무수 아세트산(acetic anhydride)과 반응시켜 만드는데 이 반응은 역반응이 일어나지 않으므로 산과 알코올의 반응에서 생기는 것보다 에스터가 더 쉽고 빠르게 생성된다.

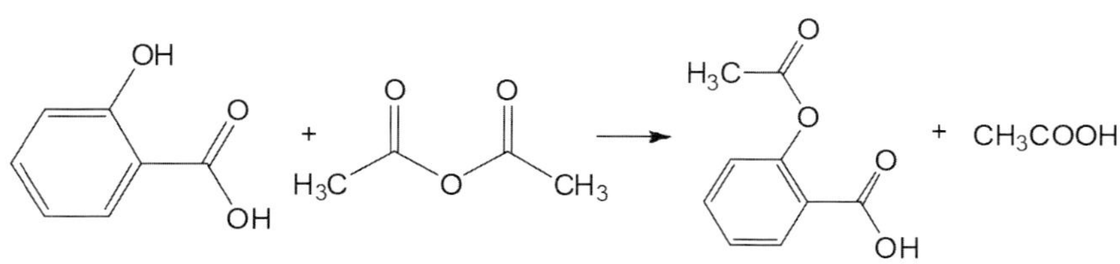

salicylic acid　acetic anhydride　aspirin　acetic acid

이 실험에서 합성한 아스피린은 불순물이 많이 포함되어 있으므로 그대로 의약품으로 사용할 수는 없다.

기구 및 시약

감압 플라스크, 부흐너 깔때기, 거름종이, 감압기, 중탕 장치, 삼각 플라스크(25 mL), 비커, 온도계, 가열 장치, 실리실산, 무수 아세트산, H_3PO_4(85 %)

실험 방법

1. 아스피린의 합성

① 살리실산 2.5 g을 25 mL 삼각 플라스크에 넣고 여기에 무수 아세트산 3 mL를 용기 벽에 흘려 넣어 용기 벽에 묻은 살리실산을 모두 씻어 내린다.

② 이 삼각 플라스크를 물중탕에 장치하고 촉매로서 85 % H_3PO_4을 소량 가한 후 물중탕의 온도를 70~80 ℃로 10분간 유지하면서 반응을 완결시킨다.

③ 반응이 끝나면 물 2 mL를 다시 가하고 실온이 될 때까지 냉각시킨다. 아스피린 결정이 생성될 것이다. 결정이 잘 생기지 않으면 유리막대로 플라스크의 안쪽 벽을 긁어주거나 얼음으로 냉각한다.

④ 결정을 부흐너 깔때기로 걸러서 5 mL의 얼음물로 한 번 빠르게 씻는다.

⑤ 얻어진 결정을 다른 거름종이에 옮기고 공기 중에서 건조시킨다. 결정이 완전히 마른 후 무게를 달아 수득률을 계산한다.

2. 재결정에 의한 아스피린의 정제

에탄올과 물의 혼합물을 용매로 사용하여 합성한 아스피린을 재결정하여 정제할 수 있다.

① 250 mL 삼각 플라스크에 아스피린을 넣고 이 고체 시료의 g 수에 따라 에탄올 약 2.5 mL씩 가한다.

② 물중탕 속에서 고체 물질이 용해되도록 플라스크를 교반하면서 가열한다. 만약 고체가 용해되지 않는다면, 용액을 여과할 필요가 있다.

③ 물 약 50 mL 정도 넣고 데워주면서 에탄올 용액 속에 있는 아스피린의 g 수에 따라서 물 5.5 mL씩 가한다. 이때 침전이 생기면, 이것이 용해되도록 물중탕기에서 용액을 다시 가열해 준다. 용해시킬 경우에는 소량의 에탄올을 가하여 주어도 된다.

④ 플라스크를 물중탕기에서 들어내어 실온에서 서서히 냉각되도록 방치해 둔 다음, 실온까지 식은 후 얼음 물중탕기 속에서 냉각시킨다.

⑤ 순수한 아스피린 침전물을 여과한다.

⑥ 건조시킨 후에 순수한 아스피린의 무게를 달고 수득률(%)을 계산한다.

MEMO

실험09_아스피린의 합성

결과 보고서

1. 사용한 살리실산의 질량은?

2. 사용한 살리실산의 몰수는?

3. 사용한 무수 아세트산의 몰수는?

4. 예상되는 아스피린의 생성 질량은?

5. 생성된 아스피린의 질량은?

6. 수득률을 계산하라.

7. 결정이 석출되는 모습들의 변화를 온도와 함께 기록하라.

실험09_아스피린의 합성

실험 후 고찰

❖ 오늘의 실험을 진행하면서 기대하였던 사항은 무엇인가?

❖ 실험을 진행하면서 기대와 다른 사항은 무엇인가?

❖ 실험 결과가 다른 조에 비하여 다르게 나온 이유는 무엇인가?

❖ 실험을 진행하면서 어려웠던 점은 무엇인가?

❖ 오늘의 실험 결과를 보고 다음에 같은 실험을 한다면 어떠한 점을 개선해야 하는가?

❖ 전반적인 실험 과정에 대하여 조원들끼리 토론하고, 그 사항을 기록하라.

실험 10 고분자 물질의 합성 －플러버 제조

실험 목적

쉽고 재미있게 만들 수 있는 플러버를 제조해 봄으로써 고분자 물질의 가교 결합과 작용기의 특성, 구조에 의한 물성 등을 관찰해 본다.

기초 이론

플러버(flubber)는 하늘을 나는(fly) 고무(rubber)라는 뜻을 가진 합성어로, 처음 이름이 지어진 때는 월트디즈니사의 영화 The Absent-Minded Professor(1961)에서였고, 우리에게는 1997년에 개봉한 로빈 윌리암스 주연의 영화에서 등장하는 젤리 같은 물질의 이름으로 더 많이 알려졌다. 영화 속에서 플러버는 하늘을 날 수도 있고, 음악에 따라 춤을 추기도 한다. 주머니에 넣으면 플러버를 가진 사람도 하늘을 날 수 있는 신기한 물질이다.

하지만, 여러분이 이번 실험에서 만들 플러버는 모양만 비슷할 뿐 하늘을 날거나 음악에 따라 춤을 추지는 못한다. 하지만 작고 둥글게 뭉치면 탱탱볼처럼 잘 튕기기도 하고, 열을 가하면 쉽게 늘어나기도 하는 요술 젤리와도 같은 물질이다. 이 고분자 물질은 폴리비닐 알콜(poly vinyl alcohol)이 붕소에 의해 가교 결합한 물질로써 폴리머 사이에 붕산과 물의 혼합 양에 따라, 온도에 따라 그 물성이 다양해지는 매우 재미있는 물질이다.

보통 폴리머들이 긴 사슬 형태로 머물러 있을 때, 이 폴리머는 열에 의해 그 꼬임이 쉽게 풀어지고, 모양이 변할 수 있는 열가소성 수지의 형태이다. 그러나 가교 결합을 하게 되면 폴리머 사슬이 풀어지지 않고, 모양이 일정하게 유지되어 열에 의한 변형을 할 수 없는 열경화성 수지가 된다.

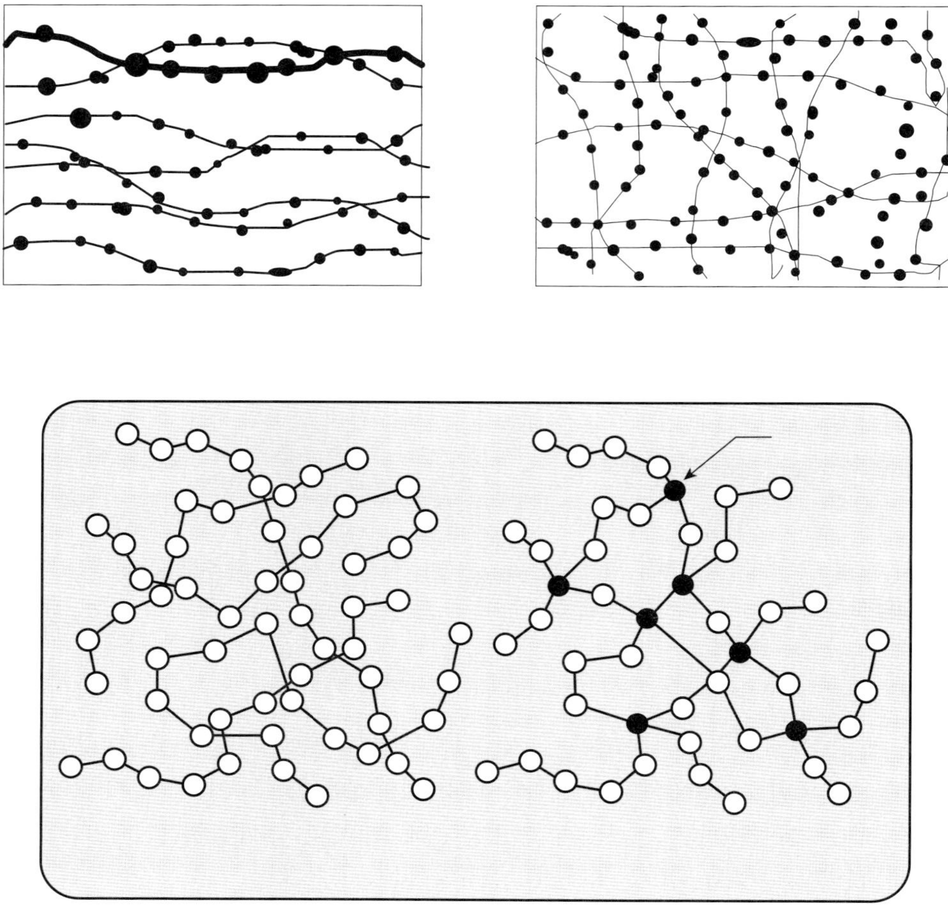

그림 10-1 열가소성 수지의 구조(좌)와 열경화성 수지의 구조(우)

그림 10-1을 보면 열가소성 수지(좌)는 탄소 사슬이 서로 엉키어 있는 것 같지만, 가닥가닥 따로따로 놓여 있음을 볼 수 있다. 반면에 열경화성 수지(우)는 이들 탄소 사슬들 사이에 새로운 결합이 길게 혹은 짧게 형성되어서 이들 탄소 사슬들이 서로 풀어지지 않고 그 엉키어 있는 구조를 그대로 유지하게 한다. 이렇게 선형 탄소사슬 구조(좌)들을 서로 연결시켜 주는 결합을 가교 결합(cross linking) 혹은 다리 결합이라고 부르고, 오른쪽 그림과 같은 열경화성 수지의 구조를 네트워크 구조라고 부른다. 열가소성 수지의 구조는 선형 구조라고 부른다.

폴리비닐 알콜(PVA)은 비닐기(−CH_2CHOH−)가 무수히 많이 연결된 사슬 구조의 고분자이다. (보통 폴리비닐 알콜을 폴리비닐 아세테이트와 구분하기 위하여 폴리비닐 알콜을 PVAL로, 폴리비닐 아세테이트는 PVAC로 쓰기도 한다. 이 단원에서는 간단히 PVA라고 칭하였다)

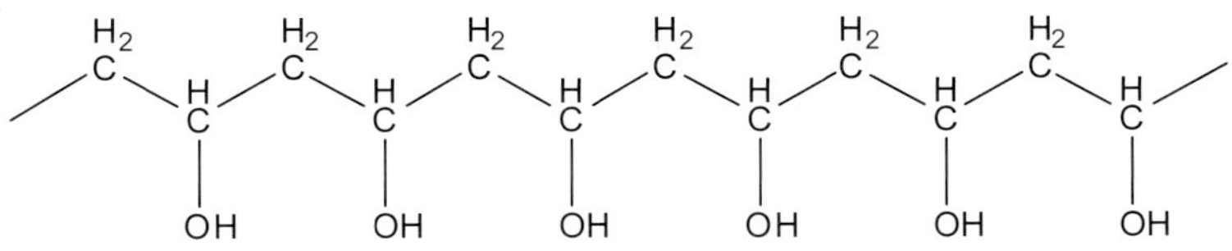

그림 10-2 PVA 사슬

이 폴리비닐 알콜(PVA)은 가지고 있는 하이드록시기(−OH) 때문에 물과 잘 섞이고, 물에 잘 녹는다. 이를 물에 녹여 팔고 있는 것이 우리가 문구점에서 흔히 볼 수있는 물풀(PVA풀)이다. 여기에 붕산(Boric acid: H_3BO_3)이나 붕사(Borax:$Na_2B_4O_7 \cdot 10H_2O$)를 넣으면 물에 녹아 붕산 이온을 이루고, 이들 붕소 원자에 결합한 수산기가 폴리비닐 알콜의 수산기(−OH)와 강한 수소 결합을 이룬다. 이 수소 결합은 PVA가 물분자와 이루는 수소 결합보다 강하게 PVA 분자들을 엮어주는 가교 결합을 이룬다. 따라서 물속에 자유롭게 풀어져 있던 PVA 사슬은 붕산으로 인해 서로 뭉치고, 마치 열경화성 수지와 비슷한 네트워크 구조를 이루면서 말랑말랑한 고무와 같은 물질이 된다.

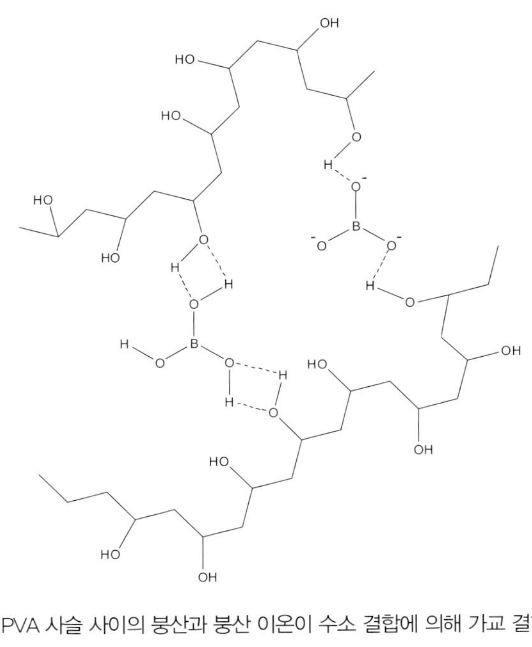

그림 10-3 PVA 사슬 사이의 붕산과 붕산 이온이 수소 결합에 의해 가교 결합을 한 모습

기구 및 시약

비커, 시약수저

PVA 혹은 PVA풀, 붕사(혹은 붕산), 식용 색소 약간

실험 방법

① 물 100 mL에 붕사(혹은 붕산)를 두서 스푼 정도 넣어 잘 녹인다.

② PVA풀 약 40 g을 다른 컵에 담는다(반드시 PVA풀 사용: 문방구에 없으면, 화공약품상에서 구입). 만일 고체 PVA가 준비되었다면 적당량의 물에 녹여 풀과 같은 상태로 만든다. 이때 거품이 일지 않도록 주의한다.

③ 풀을 젓가락으로 저으면서 만들어 놓은 붕사 용액을 조금씩 섞는다.

④ 젤리처럼 굳어진 것을 꺼내어 동그랗게 빚는다.

(플러버를 공처럼 만들 때 반죽을 오랫동안 주물러야 한다. 그래야 붕산 이온이 PVA 사슬 사이로 고르게 퍼져 결합을 이루기 때둔에 부서지지 않고 잘 튄다.)

⑤ 처음에는 물컹한 풀 덩이가 손에 엉겨 붙어 불쾌한 느낌을 가질 수 있지만 인내심을 갖고 계속 빚으면 오히려 손이 깨끗해지며 동글동글하고, 말랑말랑한 아주 좋은 느낌을 가질 수 있다.

⑥ 공 모양의 플러버를 바닥에 던져 본다.

⑦ 뜨거운 물에 담그어 두면 더 말랑말랑해진다.

⑧ 붕사를 녹인 물에 식용 색소를 넣으던 이쁜 색상의 플러버를 만들 수 있다.

유의 사항

플러버를 만들 때 비닐 장갑을 끼고 하는 것이 좋다. 특히 입, 눈에 들어가지 않도록 한다.
붕산 용액은 피부가 예민한 사람에게는 괘 자극적이다.

실험10_고분자 물질의 합성－플러버 제조

결과 보고서

1. PVA 용액에 붕사 용액을 첨가하면서 변화하는 모습을 기록하라.

실험10_고분자 물질의 합성 – 플러버 제조

실험 후 고찰

❖ 오늘의 실험을 진행하면서 기대하였던 사항은 무엇인가?

❖ 실험을 진행하면서 기대와 다른 사항은 무엇인가?

❖ 실험 결과가 다른 조에 비하여 다르게 나온 이유는 무엇인가?

❖ 실험을 진행하면서 어려웠던 점은 무엇인가?

❖ 오늘의 실험 결과를 보고 다음에 같은 실험을 한다면 어떠한 점을 개선해야 하는가?

❖ 전반적인 실험 과정에 대하여 조원들끼리 토론하고, 그 사항을 기록하라.

실험 11
향료 합성

실험 목적

에스터화 반응에 대하여 공부하고, 이를 이용하여 향료를 만들어 본다.

기초 이론

우리 주변에서 향기를 내는 물질들 중 상당수는 에스터 화합물이다. 에스터(ester)란 유기물의 구조 중에 에스터 작용기(−COO−)가 있는 화합물을 말하며, 꽃, 식물, 과일 등의 냄새와 맛을 내는 원인이다. 앞서 공부한 비누화 반응의 역반응이 에스터화 반응에 해당하며, 카르복시산과 알코올의 축합 반응에 의해서 물과 에스터가 생성되는 반응이다.

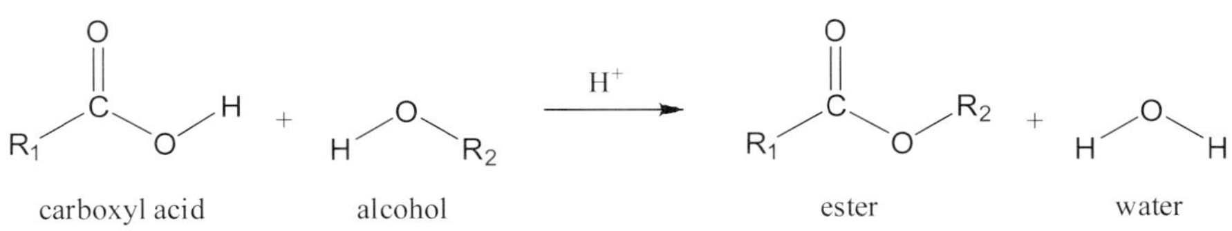

이때 H^+는 촉매로써 작용한다. 이 반응의 역반응은 가수분해 반응, 비누화 반응에 해당한다.

따라서 이 반응은 가역 반응이므로, 만들어진 에스터가 다시 알코올과 유기산으로 분해되지 않도록 해줄 필요가 있다. 정반응이 지속적으로 진행되도록 하기 위해서는 생성된 물 분자를 제거하는 것이 효과적인데, 촉매로 넣어준 진한 황산이 가지는 탈수 작용이 그 역할을 해준다. 하지만 황산의 탈수 작용은 그 농도에 따라서 매우 격렬해질 수 있으므로, 진한 황산의 양은 반드시 소량을 넣어주도록 하고, 시약의 양 역시 과량 사용하지 않도록 주의하면서 반응을 진행하여야 한다.

이 단원의 실험에서 사용할 유기산과 알콜은 아세트산과 이소아밀 알콜(isoamyl alcohol)이다. 이들의 반응은 다음과 같으며 생성되는 에스터는 바나나향이 나는 갈색의 액체다.

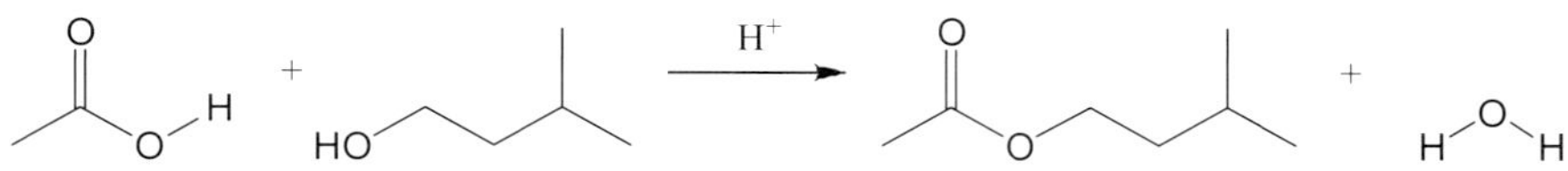

acetic acid　　isoamyl alcohol　　isopentyl acetate　　water

다음 표 11-1은 각종 과일향을 내는 에스터들과 그 화학식이다.

표 11-1 각종 에스터와 해당하는 과일향

과일향	에스터	화학식
오렌지	아세트산 옥틸	$CH_3COOC_8H_{17}$
바나나	아세트산 펜틸	$CH_3COO(CH_2)_4CH_3$
배	아세트산 이소펜틸	$CH_3COOCH_2CH_2CH(CH_3)_2$
쟈스민	아세트산 벤질	$CH_3COOCH_2C_6H_5$
딸기	아세트산 헥실	$CH_3COO(CH_2)_5CH_3$
파인애플	부티르산 에틸	$CH_3CH_2CH_2COOCH_2CH_3$
복숭아	아세트산 프로필	$CH_3COOCH_2CH_2CH_3$
히아신스	아세트산 신나밀	$CH_3COOCH_2CH=CHC_6H_5$
호박	게피산 에틸	$C_6H_5CH=CHCOOC_2H_5$

기구 및 시약

중탕을 위한 도구들, 분별 깔때기, 삼각 플라스크 및 비커들, 저울, 시약 수저, 향료를 담아 보관해 둘 용기

이소아밀 알콜, 아세트산, 진한 황산, 탄산 소듐 포화용액

실험 방법

① 플라스크에 이소아밀 알콜 6 mL 아세트산 12 mL를 넣는다.

② 여기에 진한 황산 3 mL를 넣는다. 알코올과 아세트산의 양을 추가하여 실험을 하더라도 황산의 양은 추가하지 않도록 한다. 황산의 주요 용도는 촉매이며, 진한 황산은 반응성이 크다.

③ 중탕으로 가열하며, 튀지 않도록 조심한다.

④ 생성물의 냄새를 맡아본다.

⑤ 플라스크에는 갈색의 물질이 형성될 것이다.

⑥ 물 70 mL를 넣고, 탄산 소듐 포화 용액을 이용하여 중성이 될 때까지 중화시킨다. 튀지 않도록 조심한다.

⑦ 에스터 층과 탄산염 층으로 분리되면, 분별 깔때기를 이용하여 에스터를 분리한다. 용액 중에는 탄산 이온이 많이 들어있으므로, 분별 깔때기 마개를 꽉 닫지 않도록 하고, 마개를 열어둔 상태로 수용성 불순물들이 물 층으로 녹아나올 수 있도록 잘 흔들어 섞어준다.

⑧ 여기에 물 20 mL 정도를 추가하여 수용성 불순물을 제거한다.

⑨ 분별 깔때기를 통하여 분리한 에스터를 바이알에 포집한다.

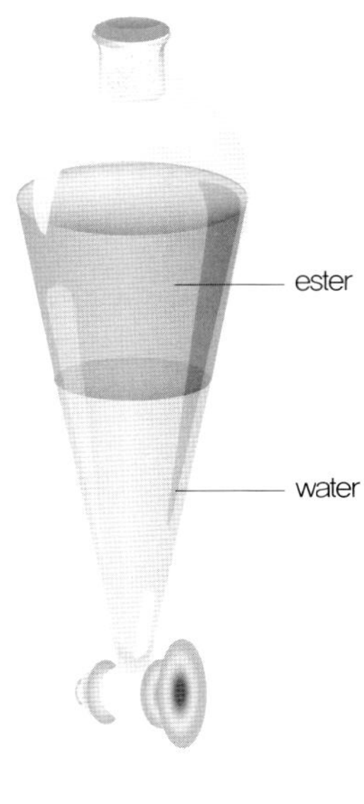

그림 11–1 분별 깔때기에서 분리되어 있는 에스터와 수용액 층

MEMO

실험11_**향료 합성**

결과 보고서

1. 사용한 이소아밀 알콜의 양과 아세트산의 양은 얼마인가?

2. 사용한 진한 황산의 양은 얼마인가?

3. 가열은 몇 도에서 시작하여 몇 분이나 하였으며, 그 과정의 변화는 어떠한가?

4. 탄산 소듐의 포화용액은 얼마나 사용하였는가?

5. 분별 깔때기를 통해 분리한 에스터의 양은 어느 정도인가?

6. 에스터가 형성되고, 분리되는 과정의 모습들을 기록하라.

실험11_**향료 합성**

실험 후 고찰

❖ 오늘의 실험을 진행하면서 기대하였던 사항은 무엇인가?

❖ 실험을 진행하면서 기대와 다른 사항은 무엇인가?

❖ 실험 결과가 다른 조에 비하여 다르게 나온 이유는 무엇인가?

❖ 실험을 진행하면서 어려웠던 점은 무엇인가?

❖ 오늘의 실험 결과를 보고 다음에 같은 실험을 한다면 어떠한 점을 개선해야 하는가?

❖ 전반적인 실험 과정에 대하여 조원들끼리 토론하고, 그 사항을 기록하라.

실험 12
구리 도금

실험 목적

도금의 원리를 이해하고, 금속의 활성도와 산화 환원 반응을 공부한다.

기초 이론

도금이라 함은 금속 표면에 다른 금속 혹은 합금을 매우 얇게 입히는 것으로써, 금속의 얇은 판을 붙이는 것과는 구분한다. 고대의 도금은 주로 금도금이나 은도금과 같은 귀금속을 입혀 그 가치를 높이게 하기 위한 수단이 많았으나, 현대에는 부식의 방지, 광택, 색상, 마모 방지, 접촉 저항 개선 등 여러 가지 목적으로 도금을 수행한다.

고대의 금도금은 주로 수은 아말감을 금속에 입히고, 수은을 증발시킴으로써 금도금을 수행했다. 현대에는 전기분해를 이용한 전해도금과 금속 자체의 반응성에 의한 산화 환원 반응을 이용한 무전해도금 등의 방법을 이용한다.

1. 전해도금

전기도금이라고도 하며 도금할 금속을 음극(cathod: 환원 전극)에 연결한 후, 도금액 속에 담그고 전기를 흘려주면, 용액 속에 녹아 있는 도금시킬 금속이 음극에서 환원되면서 도금할 금속의 표면에서 금속으로 석출되는 원리를 이용하는 것이다.

그림 12-1처럼 Ag^+ 이온이 녹아있는 용액에 도금하고자 하는 금속(그림에서는 수저)을 넣고 음(−)극에 연결하면 용액 중의 Ag^+ 이온은 음극으로부터 전자를 받아 환원되어 수저의 표면에서 석출된다. 이 과정에서 수저는 은으로 도금된다. 이러한 방식의 전기 도금은 전류의 양에 따라서

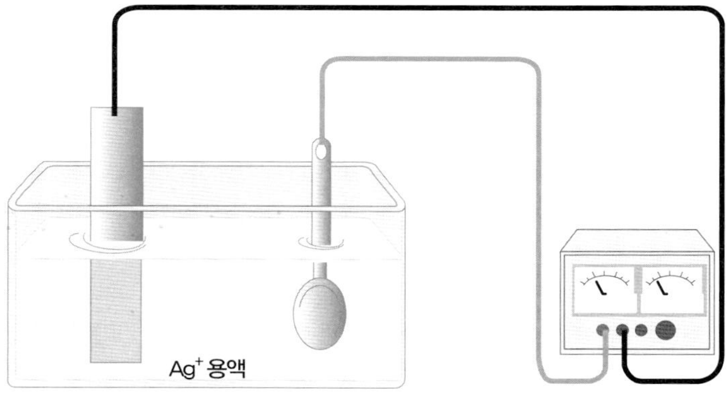

그림 12-1 전기도금

도금되는 금속의 양을 정확히 제어할 수 있지만, 수저의 표면에서 고르게 전자를 받아서 도금 될 수 있도록 수저 전체에서 저항이 고르게 분포되어야 한다는 어려운 기술적인 면이 있다.

2. 무전해도금

이번 실험에서 사용할 도금은 무전해도금으로 용액 속에는 환원이 쉽게 될 수 있는 금속 이온이 들어 있다. 도금시키고자 하는 물질의 표면은 이 용액과 반응하고, 용액 속의 금속이 물질의 표면에서 환원되어 석출되는 원리를 이용한다. 무전해도금을 이용하면 물질의 저항값과 관계없이 표면의 상태에 따라서 고르게 도금을 할 수 있고, 도금의 두께는 한 분자 층에 가까운 매우 얇은 층으로 만들 수도 있다.

이번에는 금속 구리 위에 보다 활성이 높은 아연 금속을 입히는 실험을 할 것이다. 아연은 구리보다 활성이 높아서 아연 자신은 산화되고, 구리는 환원시키려는 힘이 크다. 따라서 아연 금속이 구리 표면에서 다시 환원되어 석출되기 위해서는 다른 환경적인 요인이 필요하다. 아연은 강한 알칼리 용액 속에서 산화하여 아연산 이온(ZnO_2^{2-})으로 녹아 들어가고, 용액은 아연산 이온이 전해질로 녹아 있는 전해질 용액에 아직 녹지 않은 아연 금속과 도금될 구리 금속이 두 개의 전극으로 담겨 있는 상태가 된다. 구리 금속은 뜨거운 알칼리 용액 속에서 겨우 반응이 일어나 산화구리 이온(CuO_2^{2-})을 형성하면서 녹아 들어갈 수 있게 된다.

이 용액은 보다 활성인 아연 금속이 더 많이 녹아 있는 상태로 농도차 전지의 원리가 된다. 보통 구리 표면과 아연 금속이 가까울수록 반응이 잘 일어날 수 있는데, 구리 표면에 아연 가루가 들러붙어 있는 주위로 도금이 잘 일어나는 것을 보면 알 수 있다. 금속 아연과 구리는 국부 전지를 형성하며 구리의 산화로부터 발생한 전자를 보다 농도가 높은 아연산 이온이 받아 구리 표면에서 석출되고, 구리 표면이 아연 금속으로 모두 뒤덮이고 나면 더 이상의 반응은 일어나지 않는다.

이들의 화학방정식은 다음과 같다.

- 아연의 산화와 수소의 환원

$$Zn(s) + 2NaOH(aq) \rightarrow Na_2ZnO_2(aq) + H_2(g)$$

- 아연의 환원

$$ZnO_2^{2-}(aq) + 2H_2O(l) + 2e^- \rightarrow Zn(s) + 4OH^-$$

- 구리의 산화

$$Cu(s) + 4OH^- \rightarrow CuO_2^{2-}(aq) + 2e^- + 2H_2O(l)$$

아연이 강염기 환경 속에서 산화하여 아연산 이온을 만들며 수소 기체가 발생한다. 수소 기체는 바깥으로 방출되고, 반응은 정반응이 지속된다. 산화된 아연산 이온이 구리 표면에 접촉하여 국부 전지를 형성하며, 아연은 양극이되어 용출하고 구리는 음극이 되어 아연산 이온을 환원하여 아연을 석출시킨다.

아연과 구리의 산화환원 반응식을 더하여 전체 반응을 완결하면 다음과 같다.

$$\mathbf{Cu(s) + ZnO_2^{2-}(aq) \rightarrow Zn(s) + CuO_2^{2-}(aq)}$$

아연으로 도금된 구리 금속은 구리 고유의 빛깔인 붉은 색이 아니라 아연의 빛깔인 은빛을 띨 것이다. 이렇게 도금된 구리를 가열하면 아연과 구리의 합금화가 일어난다. 합금은 두 금속, 혹은 금속과 다른 성분이 완전히 섞여서 만들어진 금속 용액이라고 볼 수 있다. 구리 표면에 도금된 아연은 가열에 의하여 구리와 합금을 형성하여 노란 색의 금박처럼 변할 것이다. 이렇게 형성된 아연과 구리의 합금을 황동이라고 부른다. 황동의 빛깔은 아연과 구리의 조성비에 따라서 다르다.

기구 및 시약

증발접시(혹은 도가니), 도가니 집게, 핀셋, 종이 타올(기타 약품을 닦아낼 수 있는 것), 가열 장치(핫플레이트 혹은 버너), 구리판(혹은 동전), 아연 (입자상이나 분말, 어느 것도 가능), 6 mol/L NaOH 수용액, 질산

실험 방법

① 도금하고자 하는 구리 금속의 때는 질산으로 제거하고 물에 깨끗하게 씻어 둔다.

② 아연 약 0.2~1.0 g(분말이나 입상)을 증발 접시(혹은 도가니)에 넣는다.

③ 아연을 덮기에 충분한 양의 6 M NaOH 수용액을 가하여 증발 접시의 1/3 정도 되는 곳 까지 채운다.

④ 증발접시를 가열 장치 위에 놓고 용액이 끓을 정도까지 가열한다. 이때 발생하는 기체는 수소 기체로써 자극이 있으니 주의한다.

⑤ 도가니 집게를 사용하여 깨끗하게 세척한 구리판을 증발접시 용액 속에 넣는다.

⑥ 분말 아연을 사용했을 경우는 2~3분, 입자상의 아연인 경우는 4~5분 정도 증발접시에 구리판을 넣어둔다.

⑦ 구리판을 꺼내어 물에 씻고 종이 타올로 수분을 제거한다.

⑧ 핀셋을 사용하여 은색으로 된 구리판을 버너의 불꽃 속에 넣거나, 핫플레이트 위에 놓는다. 바로 금색으로 된다.

⑨ 색이 변한 후, 구리판을 불꽃에서 내어 식으면 물에 씻어 건조한다.

유의 사항

1. 실험 후 강염기 용액 속에 남아 있는 아연 가루는 매우 활성인 상태로 머물러 있으므로 처리에 유의한다. 만약 마른 휴지로 닦아내거나, 고체 폐시약통에 버릴 경우 발화하거나 추가의 반응에 유의하도록 한다.
2. 금속 폐시약은 언제나 반응성이 매우 좋다는 사실을 잊지 않도록 한다.

실험12_구리 도금

결과 보고서

1. 사용한 아연의 질량은 얼마인가?

2. 구리 조각을 아연 용액에 넣었을 때의 변화를 기록하라.

3. 도금된 구리판을 가열했을 때의 변화를 기록하라.

MEMO

실험12_구리 도금

실험 후 고찰

❖ 오늘의 실험을 진행하면서 기대하였던 사항은 무엇인가?

❖ 실험을 진행하면서 기대와 다른 사항은 무엇인가?

❖ 실험 결과가 다른 조에 비하여 다르게 나온 이유는 무엇인가?

❖ 실험을 진행하면서 어려웠던 점은 무엇인가?

❖ 오늘의 실험 결과를 보고 다음에 같은 실험을 한다면 어떠한 점을 개선해야 하는가?

❖ 전반적인 실험 과정에 대하여 조원들끼리 토론하고, 그 사항을 기록하라.

실험 13
화학반응속도

실험 목적

온도, 농도, 촉매에 따라 달라지는 반응속도를 측정하고 이해한다.

기초 이론

화학반응속도는 화학반응에 관여하는 속도를 연구하는 것이다. 일반적으로 반응속도는 반응물의 소멸 속도와 생성물의 생성 속도로 측정된다. 일정한 온도와 압력에서 반응이 일어날 때, 자유 에너지가 감소되면 그 반응은 자발적으로 진행되나, 상당히 짧은 시간에 진행되어야만 반응이 유효하게 사용될수 있다. 더욱이 여러 가지 반응이 열역학적으로 가능할 때는 가장 빠른 반응이 우선 반응물질을 소비하고, 그 반응의 생성물질이 가장 많아진다.

열역학과 반응속도론을 적용시키면 반응 생성물질을 예측할 수 있고, 또 이것들을 조절할 수도 있으나, 여러 가지 반응이 동시에 일어나면 전체적인 반응은 복잡해진다. 반응속도론의 연구에서는 하나 이상의 반응물질이나 생성물질의 농도를 시간의 함수로 나타낼 수 있는 속도식을 결정하는 일과 속도 상수 k에 대한 값을 얻는 것이 중요하다.

여기에서는 이러한 설명을 위하여 식들을 만족시키는 화학반응이 선택 되었지만 많은 화학반응들은 동시에 일어나는 여러 가지 반응과 또 역반응 때문에 수학적으로 분석하기 어려운 경우가 많다.

단 분자 반응은 다음과 같이 한 형의 분자가 부서지거나 재배열되는 반응이다.

$$AB \rightarrow A + B$$

또는

$$ABA \rightarrow AAB$$

이 분자 반응은 다음과 같이 두 분자 간의 충돌을 포함하는 반응이다.

$$A+B \rightarrow AB$$

또는

$$AB + CD \rightarrow AD + CB$$

삼분자 반응은 세 분자 간의 충돌을 포함한다. 그러나 반응에서 속도 결정 단계는 단순히 일 · 이 · 삼 분자 반응의 메커니즘을 포함하지 않는다. 반응차수 n은 실험적으로 결정되어야 하며, 반응이 일어나는 메커니즘의 결정이 중요하다. 이 차수는 다음 식에 의하여 정의된다.

$$-\frac{dC/dt}{dt} = kC^n \tag{1}$$

이 식에서 C는 반응 물질의 농도로서 반응속도는 C의 시간에 따른 변화율로써 계산된다. n은 반응차수이며, n=1 이면 반응은 1차, n=2이면 반응은 2차, n=3이면 반응은 3차이다. n이 흔히 그런 것처럼 정수가 아닌 값을 가지면 반응은 복잡하여 일 · 이 · 삼 분자 반응 이외에 다른 메커니즘을 포함한다. 다행이 단 분자 반응이나 이 분자 반응속도는 분자구조나 그 밖의 성질로부터 계산할 수 있고 복잡한 반응은 일련의 단 분자 및 이 분자 반응으로 분해할 수 있다.

1. 1차 반응

1차 반응식의 반응속도는 다음 식 (2)처럼 정리할 수 있으며,

$$-\frac{dC}{dt} = kC \tag{2}$$

이 식을 적분하여 정리하면,

$$-\ln C = 2.303\log C = kt + \text{상수} \tag{3}$$

즉

$$k = \frac{2.303}{t_2 - t_1} \log \frac{C_1}{C_2} \qquad (4)$$

이 식에서 C_1, C_2는 t_1, t_2시간에서의 농도이다. 1차 반응에 대하여 k는 단위 시간당 반응하는 물질의 초기 농도이고, 여러 시간에서의 절대 농도를 알 필요는 없다. 농도는 화학적이나 물리적인 측정으로 직접 측정하는 농도에 비례하는 다른 성질들, 예를 들면 부피나 전기전도도 또는 흡광도 등을 측정하여 식 (3), (4), (5)의 C에 대입한다.

2. 2차 반응

2차 반응의 속도식은 다음 식 (5)처럼 정리할 수 있다.

$$-\frac{dC}{dt} = kC_A^{\,2} \qquad (5)$$

이 식에서 C_A는 반응물질 A의 농도이고, 반응물이 2종류이면,

$$-\frac{dC_A}{dt} = kC_AC_B \qquad (6)$$

와 같이 정리할 수 있다. 이 식에서 C_A와 C_B는 두 반응물질 A와 B의 농도이다. 2차 반응에 대한 속도상수 k의 값은 농도를 나타내는 단위(mol/L, mol/cm^3, 또는 기압)에 따라 달라진다. 1차 반응에서 이 단위는 서로 상쇄되나, 2차 반응에서는 상쇄되지 않는다. 만약 2차 반응에서 한 반응물질이 과량으로 존재하면 그 농도는 실제로 일정하게 유지되고 따라서 2차 반응이지만 1차 반응과 같은 상황이 되어 1차 반응으로 간주할 수 있으며, 이를 유사 1차 반응이라고 한다.

반응속도에 온도와 농도가 미치는 영향은 다음과 같은 반응, 즉 옥살산으로 과망간산 포타슘을 환원하는 데 필요한 시간을 관찰하여 설명할 수 있다.

$$3H_2C_2O_4 + 2KMnO_4 \rightarrow 6CO_2 + 2KOH + 2H_2O + 2MnO_2$$

과망간산 포타슘의 보랏빛은 환원되었을 때 없어지므로 이 반응이 일어나는데 필요한 시간은 쉽게 관찰할 수 있다. 반응이 일어나는 속도는 과망간산 포타슘이 없어지는데 필요한 시간에 비

례한다. 이 실험에서는 여러 가지 농도에서의 반응속도를 관찰하기 위하여 반응물질의 농도를 달리하였다. 반응속도에 미치는 온도의 영향은 일정한 농도의 반응물질을 써서 여러 가지 온도에서 반응을 일으켜서 관찰한다. 촉매가 존재할 때의 영향은 소량의 이산화망간이 존재할 때의 과산화수소가 분해하는 것으로 관찰한다.

기구 및 시약

시험관, 비커, 온도계(100 ℃), 버너, 뷰렛, 스포이드, 초시계,
옥살산($H_4C_2O_4 \cdot 2H_2O$), 과망간산 포타슘($KMnO_4$), 과산화 수소수(H_2O_2), 이산화 망간(MnO_2)

실험 방법

1. 농도의 영향

① 시험관에 옥살산 포화용액 각 3 mL씩 넣고 이들 셋 중 두 시험관에는 4 mL 및 8 mL의 물을 가한다.

② 물을 넣지 않은 시험관에 정확히 1 mL 과망간산 포타슘용액을 가하고 색깔이 없어질 때까지의 시간을 기록한다.

③ 다른 두 시험관에 대해서도 같은 실험을 한다.

④ 같은 실험을 2번 더 반복하면서 평균값을 구하도록 한다.

유의 사항

이 실험을 빠르게 진행하였을 때만 정확히 관찰할 수 있으므로 이 실험은 좀 익숙할 필요가 있다. 더욱이 용액의 색이 진한 보라색에서 노랑으로 변하는 것을 관찰하여 반응이 완결된 때를 판정해야 하기 때문에 색을 확실히 구별하여야 한다.

2. 온도의 영향

① 세 개의 시험관에 각각 옥살산 포화용액 6 mL와 증류수 1 mL를 넣고 실온보다 10 ℃ 높은 온도의 물이 들은 비커에 이 시험관들을 넣는다.

② 버너를 조심하여 조절하고 물을 휘저어서 온도를 일정하게 유지되도록 유의한다.

③ 일정한 온도에 도달한 다음 시험관의 중탕의 온도가 되도록 수분 동안 방치한 다음 한 시험관에 과망간산 포타슘 1 mL를 가해서 시험관을 곧 흔들고 다시 중탕에 놓아둔다. 용액의 보라색이 없어지는 데 필요한 시간을 관측한다.

④ 실온보다 20 ℃ 및 30 ℃ 높은 온도에서 같은 농도의 용액을 써서 이 과정을 되풀이 한다.

⑤ 같은 농도의 것으로 실온에서 필요한 시간도 함께 관측한다.

3. 촉매의 영향

① 3 % 과산화 수소용액 약 5 mL에 이산화 망간 소량(약 0.1 g 이하)을 넣는다.

② 이산화 망간이 없을 때와 있을 때의 과산화 수소의 분해도에 관하여 관찰한다.

MEMO

실험13_화학반응속도

결과 보고서

1. 농도의 영향

1) 각각의 시험관에서 색이 사라지기까지의 반응 시간을 기록하라.

시험관	내용	1차	2차	3차	평균
A	옥살산 포화용액 3 mL				
B	옥살산 포화용액 3 mL + 증류수 4 mL				
C	옥살산 포화용액 3 mL + 증류수 8 mL				

2) 색 변화 전, 후의 상태를 사진 자료를 이용하여 기록하라.

3) 각 농도에 따른 반응속도를 구하라.

시험관	내용	1차	2차	3차	평균
A	옥살산 포화용액 3 mL				
B	옥살산 포화용액 3 mL + 증류수 4 mL				
C	옥살산 포화용액 3 mL + 증류수 8 mL				

2. 온도의 영향

1) 각각의 시험관에서 색이 사라지기까지의 반응 시간을 기록하라.

시험관	내용	1차	2차	3차	평균
A	기준 온도 (실온)				
B	기준 온도 + 10 ℃				
C	기준 온도 + 20 ℃				

2) 온도를 일정하게 유지하기 위해 장치한 모습을 기록하라.

3) 각각의 온도에 따른 반응속도를 계산하여 기록하라.

시험관	내용	1차	2차	3차	평균
A	기준 온도 (실온)				
B	기준 온도 + 10 ℃				
C	기준 온도 + 20 ℃				

4) 온도에 따라 반응 속도가 달라지는 이유는 무엇인가?

3. 촉매의 영향

1) 이산화망간을 첨가했을 때의 반응 모습을 기록하라.

실험13_화학반응속도

실험 후 고찰

❖ 오늘의 실험을 진행하면서 기대하였던 사항은 무엇인가?

❖ 실험을 진행하면서 기대와 다른 사항은 무엇인가?

❖ 실험 결과가 다른 조에 비하여 다르게 나온 이유는 무엇인가?

❖ 실험을 진행하면서 어려웠던 점은 무엇인가?

❖ 오늘의 실험 결과를 보고 다음에 같은 실험을 한다면 어떠한 점을 개선해야 하는가?

❖ 전반적인 실험 과정에 대하여 조원들끼리 토론하고, 그 사항을 기록하라.

실험 14
야광봉 만들기

실험 목적

화학 발광 현상을 이용한 야광봉을 만들어 본다. 이를 통하여 형광, 인광 현상도 이해한다.

기초 이론

공연장에서 무대에 좋아하는 스타가 올라오면 객석에서 환호하면서 흔드는 야광봉을 만들어 보기로 하자. 이러한 야광봉은 매우 간단하게 만들 수 있지만, 그 원리는 그리 쉽진 않다.

어떠한 물질이든 에너지를 얻으면 높은 에너지 상태가 되고, 높은 에너지 상태에서 다시 낮은 에너지 상태로 되돌아오면서 흡수했던 에너지를 방출한다. 차가운 돌멩이에 가열함으로써 열에너지를 주면 뜨거운 돌멩이가 되고, 이 뜨거운 돌멩이는 다시 열을 방출하면서 차가운 돌멩이로 되돌아가는데, 그때 방출하는 열을 이용하는 원리가 우리 선조들이 사용하였던 온돌의 원리다.

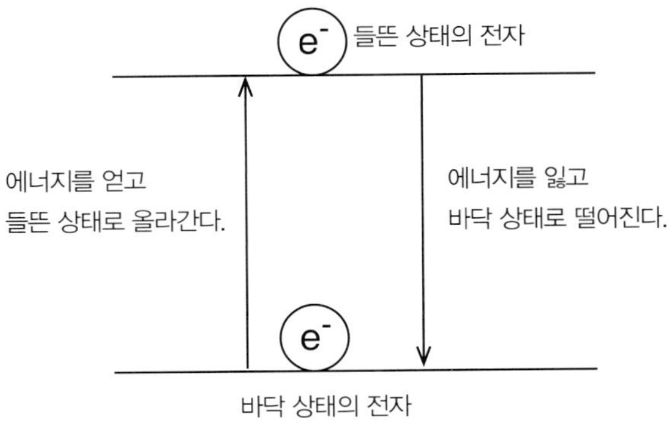

전자는 에너지를 얻으면 더욱 높은 에너지 준위로 올라가는데, 이렇게 더욱 높은 에너지 상태의 전자를 들뜬 상태(excited state)의 전자라고 한다.

그림 14-1 들뜬 상태의 전자와 바닥 상태의 전자

야광봉은 이러한 원리를 그대로 이용한 것으로, 열에너지가 아닌 빛 에너지로써 에너지를 방출하는 현상을 이용한 것이다. 우리는 이러한 현상을 더욱 체계적으로 이해하기 위해서 전자의 바닥 상태와 들뜬 상태를 이해할 필요가 있다. 그림 14-1과 같이 바닥 상태, 즉 가장 안정한 상태의 전자는 외부로부터 에너지(빛, 열을 비롯하여 화학 에너지와 기타 다양한 형태로 제공되는 에너지)를 받아서 서서히 혹은 빠르게 들뜬 상태로 올라갈 수 있다. 이렇게 들뜬 상태가 되면 다시 바닥 상태로 떨어지면서 에너지를 방출할 수 있는데, 이때 두 에너지 준위 사이의 간격에 해당하는 에너지가 방출된다. 그 간격이 충분히 크면 빛 에너지 형태의 에너지가 방출되고, 그 간격이 너무 작으면 열에너지 형태로 방출된다.

전자는 그 스핀에 따라 항 다중도로 상태를 설명하기도 한다. 전자의 스핀 양자수는 $+\frac{1}{2}$ 의 up spin(↑)과 $-\frac{1}{2}$ 의 down spin(↓) 전자로 설명한다. 이들 업다운 스핀의 전자 두 개는 한 쌍을 이루어 전자쌍(↑↓)을 형성하고 하나의 오비탈을 이룬다. 만일 각각 같은 스핀 상태로 있을 경우 두 개의 오비탈에 나뉘어 존재한다. 설령 하나의 오비탈에 두 개의 전자가 다 있지 않아도 전자들이 업다운 스핀의 서로 다른 스핀 상태를 취하고 있을 때와 그렇지 않을 때를 원자의 전자 상태가 다른데, 이를 설명하는 것이 스핀 다중도(spin multiplicity)의 개념이다. 스핀 다중도는 2S+1로 설명하는데, S값은 전자들의 스핀 양자수의 합이다. 간단히 다음과 같이 볼 수 있다.

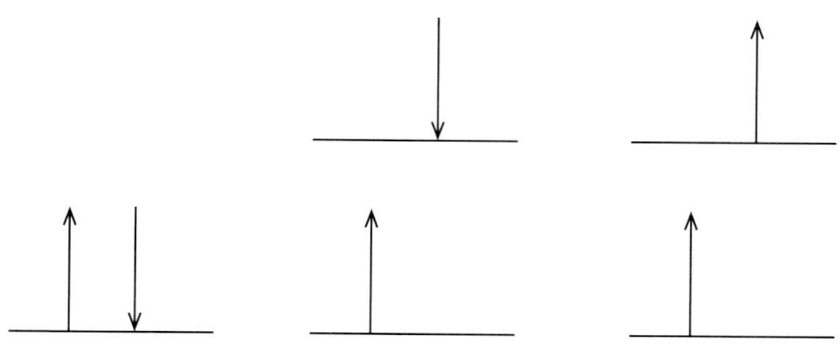

그림 14-2 스핀 다중도

그림 14-2의 (a)에서 두 전자의 스핀 양자수의 합은 $S = +\frac{1}{2} - \frac{1}{2}$ 이므로 S = 0 이다. 따라서 다중도 값은 2S+1 = 1 이므로 단일항이 된다. 두 전자 모두 바닥 상태에 놓여 있으므로 바닥 단일항 상태이다. (b)는 (a)와 같은 스핀 상태를 보이므로 단일항이며, 전자 일부가 들뜬 준위에 있기에 들뜬 단일항 상태다. 두 개의 전자 모두 들떠 있어도 마찬가지로 들뜬 단일항 상태가 된다. (c)의 경우 들뜬 상태이며, 두 전자의 스핀 양자수의 합은 $S = +\frac{1}{2} + \frac{1}{2} = 1$이므로, 다중도 값은 2S+1 = 3이된다. 따라서 삼중항이 되며, 들뜬 삼중항 상태가 되는 것이다.

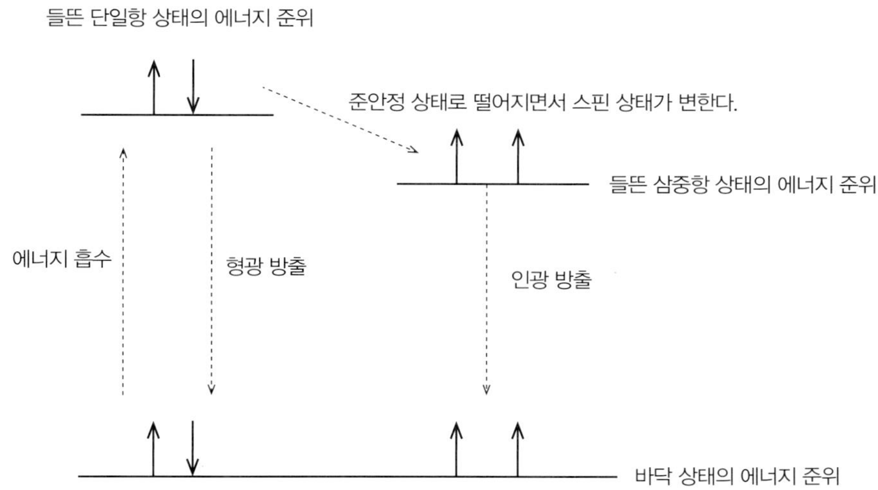

그림 14-3 형광과 인광의 에너지 준위

그림 14-3을 보면 형광과 인광의 차이를 알 수 있다. 두 경우 모두 전자가 들뜬 상태에서 바닥 상태로 떨어지면서 빛 에너지를 방출하는 것이고, 우리의 눈에는 발광 현상으로 보인다. 이들 두 현상은 서로 큰 차이점이 있는데, 바로 전자의 상태에 따른 차이다. 그림에서 보듯이 형광은 전자의 스핀 상태가 변하지 않고 들뜬 상태에서 바닥 상태로 떨어지는 것이고, 인광은 들뜬 상태에서 스핀이 역전되면서 준안정 상태 에너지 준위라고 불 수 있는 준위로 떨어지는 것이다. 이때 전자의 상태가 단일항이였다면 삼중항 상태로 바뀐다. 이후 다시 바닥상태로 떨어지는데, 처음 들뜨기 전과는 다른 전자 스핀 상태로 되어 있다. 이 과정은 형광 현상보다 수천 배 더 오래걸린다.

보통 형광은 들뜬 단일항 상태에서 10^{-5}~10^{-8}초 이내에 빛을 발하며 바닥 상태로 떨어지며, 인광은 10^{-4}초로부터 수초까지의 범위 내에서 삼중항 상태로 머물다가 빛을 발하며 바닥 상태로 떨어진다. 우리가 야광이라고 부르는 물질이 바로 이러한 인광 현상을 이용한 것으로써 빛을 쪼여준 후, 어두운 곳으로 가져가면 빛을 발하는 이유가, 빛 에너지에 의해 들뜬 상태로 머무르다가, 어두운 곳에서 더 이상 빛 에너지를 받지 못하면 다시 바닥 상태로 되돌아오면서 빛을 발하기 때문이다.

오늘 우리가 만들려고 하는 야광봉은 과산화 수소와 디페닐 옥살레이트의 반응을 이용한다. 이들의 반응식을 먼저 살펴보면 다음과 같다.

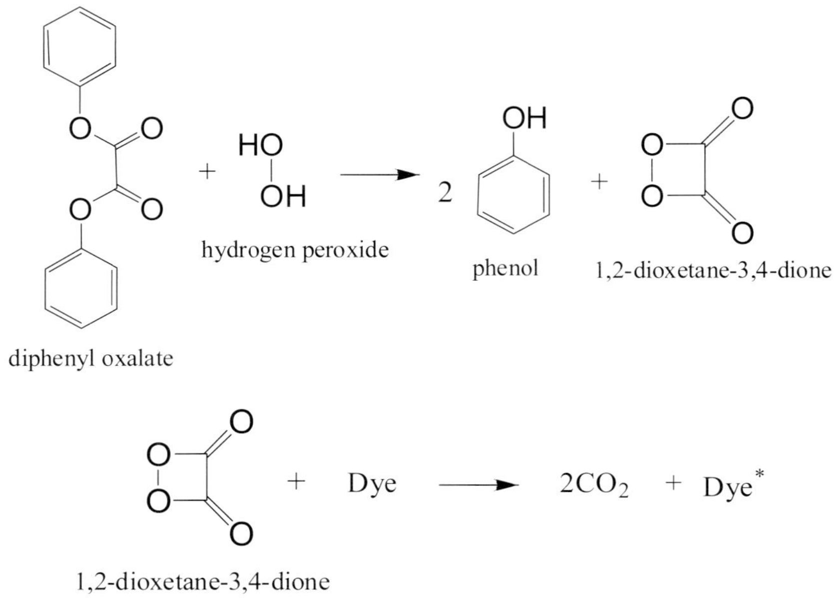

$$\text{Dye}^* \longrightarrow \text{Dye} + h\nu$$

diphenyl oxalate는 강력한 산화제인 과산화수소와 반응하여 phenol과 1,2-dioxetane-3,4-dione로 분해된다. dioxetane dione은 매우 불안정한 물질이다. 이 물질은 곧 안정한 바닥상태의 물질인 CO_2로 분해되고, 방출된 에너지를 형광 염료(Dye)가 받는다. 염료는 곧 불안정한 들뜬 상태의 형광 염료(Dye*)가 된다. 형광 염료는 에너지를 받자마자 바로 바닥상태로 되돌아가면서 빛 에너지를 방출하는 물질이다. 우리가 형광물질이라고 부르는 물질이 바로 이것이다. 형광물질에 색상을 추가하면 아름다운 형광색으로 빛나지만, 주위에 빛이 없거나, 에너지를 공급할 물질이 없으면 바로 그 빛을 잃어 버린다. 형광등 내부에 칠해져 있는 물질도 바로 이 형광물질이다.

기구 및 시약

모세관(내경이 1 mm 이하 정도 되는 것으로 길이 5 cm 정도 이상), 플라스틱관(안 지름은 유리구슬과 같은 굵기), 유리구슬(플라스틱관를 꼭 막을 정도의 크기), 양초(혹은 글루건) 유성 과산화수소, 디페닐 옥살레이트

실험 방법

① 유리관(약간 굵은 모세관)에 디페닐 옥살레이트 용액을 주사기를 사용하여 적당량 넣는다.

② 양초에 불을 붙인 후 양초가 녹으면 불을 끄고, 유리관 양쪽 끝을 녹은 양초에 담갔다 꺼내어 밀봉한다. 글루건을 사용하여도 좋다.

③ 비닐관(플라스틱관) 한쪽 끝에 유리구슬을 끼워 고정시킨다.

④ 주사기를 사용하여 유기산화제(과산화 수소로 일반적으로 보는 과산화 수소수는 과산화 수소를 물에 용해시킨 것이다)를 플라스틱관에 1/2 정도 넣고, ②에서 만든 유리관을 넣은 후 다른 한쪽도 유리구슬을 끼워 밀봉한다. 용액이 잘 들어가지 않을 때는 플라스틱관을 세워 바닥에 콩콩 쳐주면 잘 흘러들어간다.

⑤ 만들어진 야광봉을 어두운 곳에서 여러 군데 꺾어 두 용액이 혼합되도록 한다.

참 고

- 과산화 수소는 디페닐 옥살레이트와 잘 섞일 수 있도록 물이 아닌 에테르에 희석시킨 것을 사용한다. 이를 유성 과산화 수소라고 부른다.
- 디페닐 옥살레이트에는 형광 염료를 혼합하여 사용한다.
- 에오신(핑크색), 플루오레세인(연두색)등의 형광 염료를 사용하면 좋다.

유의 사항

1. 사용되는 시약이 피부에 닿으면 위험하므로 일회용 비닐장갑을 꼭 착용한다.
2. 실험 후 비닐관 속의 용액이나, 깨진 유리관은 위험하니 바로 쓰레기통에 버린다.
3. 먹거나, 피부나 눈에 닿지 않도록 하고, 피부에 묻었을 경우 즉시 다량의 물로 닦는다.
4. 촛농 대신 글루건을 이용하여 유리관과 플라스틱관을 밀봉해도 좋다.
5. 실험 후에 튜브 속의 물질을 꺼내어 장난하지 않도록 한다.

MEMO

실험14_야광봉 만들기

결과 보고서

1. 다음의 실험 과정의 변화들을 기록하여라.

1) 만들어진 야광봉의 반응 전 모습

2) 만들어진 야광봉의 반응 후 모습

2. 주변에서 볼 수 있는 발광 현상에는 어떠한 것들이 있는가?

실험14_**야광봉 만들기**

실험 후 고찰

❖ 오늘의 실험을 진행하면서 기대하였던 사항은 무엇인가?

❖ 실험을 진행하면서 기대와 다른 사항은 무엇인가?

❖ 실험 결과가 다른 조에 비하여 다르게 나온 이유는 무엇인가?

❖ 실험을 진행하면서 어려웠던 점은 무엇인가?

❖ 오늘의 실험 결과를 보고 다음에 같은 실험을 한다면 어떠한 점을 개선해야 하는가?

❖ 전반적인 실험 과정에 대하여 조원들끼리 토론하고, 그 사항을 기록하라.

실험 15
루미놀 반응

실험 목적

화학 발광을 이해한다.

기초 이론

과학 수사 드라마에 흔히 등장하는 루미놀(luminol, $C_8H_7N_3O_2$)은 대표적인 화학 발광 물질로써, 산화제와 반응하여 푸른 빛을 낸다. 루미놀은 흰색에서 노란색 정도의 색을 띠는 고체로, 이온화된 유기 용매에 녹으며 물에는 잘 녹지 않는다. 루미놀은 주로 3가의 철과 반응하기 때문에 범죄 현장 등에서 혈흔을 감식하는 데 많이 쓰이며, 생물학자들은 구리, 철, 시안화물을 검출하는 세포 분석에 사용하기도 한다. 루미놀의 발광 시간은 그리 길지 않아서 매우 진한 농도가 아니면 불과 몇 초 이내에 그 빛이 소멸한다.

화학 발광을 일으키려면 산화제와 반응해야 한다. 주로 과산화 수소 용액과 물에 녹인 수산화 소듐이 활성제로 작용한다. 철화합물 등의 촉매가 있으면 과산화 수소는 산소와 물로 분해된다.

$$2H_2O_2 \rightarrow O_2 + 2H_2O$$

실험실에서는 페리시안화 포타슘(Potassium Ferricyanide)나 과요오드화 포타슘(Potassium Periodate)이 주로 촉매로 사용된다. 법의학에서 혈흔 감식에 쓰일 때는 효소나 헤모글로빈 내 포함된 철 이온이 촉매로 사용된다. 루미놀이 수산화 이온과 반응하면, 2가의 음이온이 형성된다. 과산화 수소에서 발생한 산소는 루미놀 이온과 반응한다. 이 반응의 생성물인 유기 과산화물

(organic peroxide)은 질소가 빠짐으로써 만들어지는데 매우 불안정한 상태다. 전자는 들뜬 상태에 놓이고, 바로 바닥 상태로 전이되며 빛 에너지를 방출한다. 이 빛은 푸른색을 띤다.

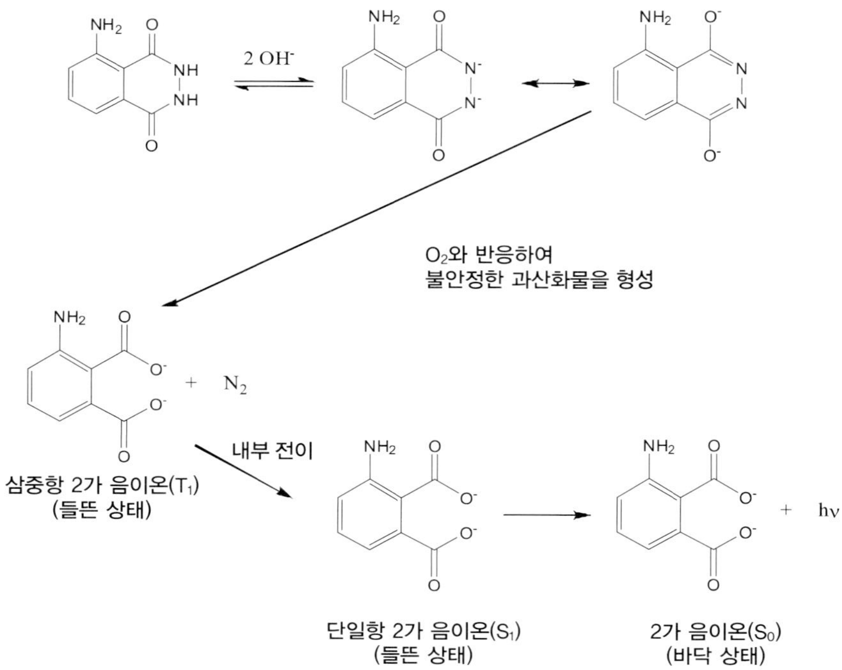

기구 및 시약

500 mL 삼각 플라스크, 100 mL 비커, 루미놀 50 mg, 3 M NaOH 5 mL, 고체 potassium ferricyanide, 3 % 과산화수소수 10 mL, 3 M HCl

실험 방법

① 500 mL 삼각 플라스크에 50 mL의 루미놀과 5 mL의 3 M NaOH을 넣고, 약 200 mL의 물을 가하여 묽힌다.

② 10 mL의 3 % 과산화 수소수를 가한다.

③ 실험실을 어둡게 하고, 약 200~300 mg의 고체 potassium ferricyanide를 용액에 가하고 젓는다. 이때 어떤 현상이 일어나는지 관찰하고 기록 한다.

④ NaOH를 시약 수저로 약 1스푼 정도, 3 M NaOH 용액, 3 M HCl 용액을 비커에 10 mL씩 각각 담는다.

⑤ ③의 용액을 ④에서 준비한 비커 세 곳에 적당량 부어 발광 세기를 비교하여 본다.

실험15_루미놀 반응

결과 보고서

다음의 실험 과정의 변화들을 기록하여라.

1. Potassium ferricyanide가 포함된 용액

2. NaOH 1스푼이 첨가된 용액

3. 3 M NaOH 용액이 첨가된 용액

4. 3 M HCl 용액이 첨가된 용액

5. 각 산, 염기들의 영향과 그 이유를 서술하시오

실험15_**루미놀 반응**

실험 후 고찰

❖ 오늘의 실험을 진행하면서 기대하였던 사항은 무엇인가?

❖ 실험을 진행하면서 기대와 다른 사항은 무엇인가?

❖ 실험 결과가 다른 조에 비하여 다르게 나온 이유는 무엇인가?

❖ 실험을 진행하면서 어려웠던 점은 무엇인가?

❖ 오늘의 실험 결과를 보고 다음에 같은 실험을 한다면 어떠한 점을 개선해야 하는가?

❖ 전반적인 실험 과정에 대하여 조원들끼리 토론하고, 그 사항을 기록하라.

실험 16 밀도 측정

실험 목적

물질의 질량과 부피를 측정하고, 밀도를 측정하는 법을 익힌다.

기초 이론

밀도(density)는 물질의 기본적인 특성 중의 하나로써 일정 온도에서 단위 부피당 질량(g/mL)으로 표시한다. 따라서 밀도를 측정하려면 일정한 온도와 압력에서 주어진 물질의 질량과 부피를 정확히 측정해야 한다. 물질의 질량은 저울을 사용하여 무게를 측정함으로써 쉽게 결정할 수 있다. 무게라고 하는 양은 물질의 중력에 대한 질량을 의미한다.

$$\text{밀도} = \frac{\text{질량}}{\text{부피}}$$

밀도와 비슷한 개념으로 비중이 있다. 비중은 시료와 부피가 같은 표준 시료와의 질량의 비이다. 액체의 경우에는 4 ℃의 물을 표준물질로 사용하고 기체의 경우에는 0 ℃, 1기압의 공기를 표준물질로 사용한다. 액체의 부피는 눈금이 새겨진 용기를 이용하여 측정할 수 있다. 실험실에서 사용하는 눈금 실린더는 기본적으로 액체의 부피를 측정할 때 자주 쓰인다. 고체의 부피는 그 고체가 규칙적이고 기하학적인 모양을 가졌다면 직접 측정할 수 있다. 그러나 대부분의 고체는 그와 같은 경우가 적용될 수 없다. 고체의 부피를 측정할 수 있는 간단한 방법은 일정량의 고체를 액체 속에 넣었을 때 변화한 액체의 부피를 정확히 측정하는 것이다. 일정량의 물질의 무게는 온도나 압력의 변화에 의해 거의 변하지 않으나 부피는 변한다. 그러므로 밀도를 표시할 때는 반드시 온도를 표기해 주어야 한다.

일반적으로 부피 측정 시 눈금실린더, 뷰렛, 피펫 등이 사용된다. 비커나 플라스크에 표시된 눈금은 정밀도가 매우 낮으므로 정확한 측정이 필요한 경우에는 절대 사용하면 안 된다. 액체의 부피를 측정하거나 정확한 부피의 액체를 정량할 때는 주로 메스 실린더, 뷰렛, 메스 피펫, 메스 플라스크를 이용한다.

이 실험에서는 어떤 물질의 질량과 부피를 측정하여 물질의 밀도를 측정하는 법을 배운다.

표 16-1 물의 밀도

온도(℃)	밀도(g/mL)	온도(℃)	밀도(g/mL)	온도(℃)	밀도(g/mL)
0	0.9998	15	0.9991	25	0.9971
2	0.9999	16	0.9990	26	0.9968
4	1.0000	17	0.9988	27	0.9965
6	0.9999	18	0.9986	28	0.9963
8	0.9998	19	0.9984	29	0.9960
10	0.9997	20	0.9982	30	0.9957
11	0.9996	21	0.9980	31	0.9954
12	0.9995	22	0.9978	32	0.9951
13	0.9994	23	0.9976	33	0.9947
14	0.9993	24	0.9973	34	0.9944

기구 및 시약

눈금 실린더(100 mL), 비커(400 mL), 온도계, 저울, 고무마개, 사염화 탄소(혹은 디클로로 메테인), n-Hexane

실험 방법

1. 액체의 밀도 측정

① 100 mL 눈금실린더를 깨끗이 씻어 말린 후 이 실린더의 무게를 mg까지 정확하게 측정한다.

② 무게를 측정한 실린더에 약 50 mL의 액체 시료(휘발성이 적을수록 정확하게 측정이 가능하다)를 넣고 부피를 정확하게 측정한 다음 눈금 실린더와 액체 시료의 무게를 함께 측정한다.

③ 액체시료 수 mL를 버리고 새로운 부피를 측정한 다음 다시 무게를 측정한다. 이 때 온도가 일정하게 유지되는지 확인하도록 한다.

④ 이와 같은 조작을 3번 반복 실시하여 액체 시료의 밀도를 측정하라.

2. 고체의 밀도 측정

① 밀도를 측정하려는 고체 시료는 물에 불용성이고 물과는 반응하지 않는 것이어야 한다. 이 고체 시료의 무게를 정확히 측정한다.

② 따로 약 100 mL의 물을 비커에 넣고 물의 온도를 측정한 다음 이 비커의 물을 100 mL 눈금 실린더에 약 반쯤 채워서 부피를 정확히 측정한다.

③ 측정하려는 고체 시료를 조심스럽게 이 실린더에 넣고 물의 부피를 다시 측정한다. 이때 물의 부피의 차이가 고체 시료에 의해서 증가된 물의 부피로 고체 시료의 실제 부피가 된다.

④ 위의 조작을 3번 되풀이하여 평균값을 구하여 고체의 밀도를 측정한다.

유의 사항

1. 저울과 부피 측정용 유리 기구의 사용법을 정확히 익히도록 한다.
2. 액체 시료 중 독성이 있는 물질은 사용에 주의해야 한다.
3. 고체의 밀도를 측정할 때에는 밀도를 알고자 하는 고체가 액체와 반응하거나 녹지 않아야 한다.
4. 액체의 밀도가 고체의 밀도보다 작아서 고체가 액체에 가라앉는 것이어야 한다.

MEMO

실험16_밀도 측정

결과 보고서

1. 액체의 밀도

1) 측정한 액체 시료는 무엇인가?

2) 눈금실린더의 질량은 얼마인가?

3) 사용한 액체 시료의 처음 부피와 3차례에 걸쳐서 조금씩 따라버렸을 때의 부피, 질량을 기록하라.

차수	1차 부피	1차 질량	2차 부피	2차 질량	3차 부피	3차 질량
1차						
2차						
3차						

4) 사용한 액체 시료의 각 회에 따른 밀도를 위의 데이터를 이용하여 구하라.

차수	1차 밀도	2차 밀도	3차 밀도	평균
1차				
2차				
3차				

5) 액체 시료의 평균 밀도는 얼마인가?

2. 고체의 밀도

1) 측정한 고체는 무엇인가?

2) 고체 시료의 무게는 얼마인가?

3) 물의 온도는 얼마인가?

4) 눈금실린더에 담은 물의 양은 얼마인가?

5) 고체의 부피는 얼마인가?

1차 : ____________________

2차 : ____________________

3차 : ____________________

6) 고체의 밀도는 얼마인가?

7) 고체의 밀도 측정 모습을 사진으로 기록하고 정리하라.

실험16_**밀도측정**

실험 후 고찰

❖ 오늘의 실험을 진행하면서 기대하였던 사항은 무엇인가?

❖ 실험을 진행하면서 기대와 다른 사항은 무엇인가?

❖ 실험 결과가 다른 조에 비하여 다르게 나온 이유는 무엇인가?

❖ 실험을 진행하면서 어려웠던 점은 무엇인가?

❖ 오늘의 실험 결과를 보고 다음에 같은 실험을 한다면 어떠한 점을 개선해야 하는가?

❖ 전반적인 실험 과정에 대하여 조원들끼리 토론하고, 그 사항을 기록하라.

실험 17
화학 정원

실험 목적

삼투압 현상을 이용한 화학 정원(chemical garden)을 꾸미고, 삼투압과 금속염에 대한 이해도를 높인다.

기초 이론

삼투압이란 농도가 다른 두 용액을 반투막으로 막아 두었을 때, 고농도의 용액 쪽으로 저농도 용액의 용매가 이동하면서 형성되는 압력을 말한다.

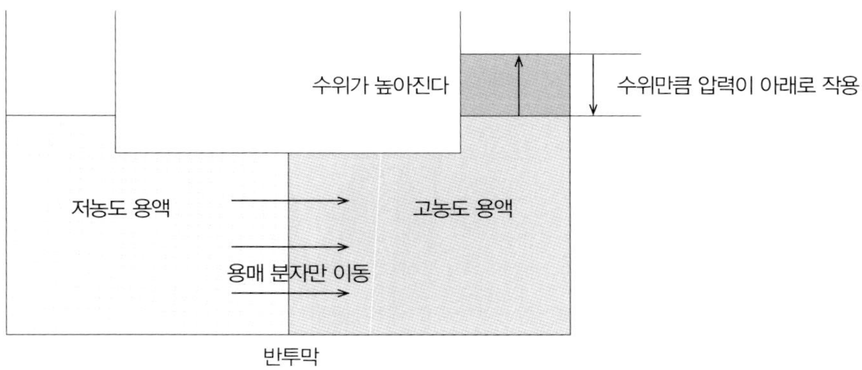

그림 17-1 삼투압 현상

저농도 용액 속의 용매 분자(ex: 물분자)는 고농도 용액으로 이동하고, 이동한 용매 분자만큼 수위가 높아진다. 이 수위만큼 아래로 압력이 높아지는데, 이 압력을 삼투압이라고 한다.

배추를 소금물에 담그어 두면 더욱 진한 농도의 소금물로 배추의 수분이 빠져나가면서 배추가 쭈그러드는 것은 이 원리에 의해서이다. 반대로 소금에 절인 배추를 그냥 물에 담그어 두면 배추 속으로 수분이 빨려들어가 배추가 탱탱해진다.

물유리는 유리의 주성분인 이산화 규소(SiO_2)와 알칼리인 탄산 소듐을 융해해서 얻은 규산 소듐(Na_2SiO_3)을 물에 녹여 진한 수용액 상태로 만든 것이다. 물유리 속에 금속염(ex: $CoCl_2$, $NiSO_4$ 등등)을 넣으면 금속염이 물에 녹아 나온다. 물속에 녹아 흘러든 금속이온(ex: Co^{2+}, Ni^{2+} 등등)은 규산이온 등과 더불어 불용성 침전물을 형성하는데 이 침전물은 금속염 주위에 반투막을 형성하면서 굳어진다. 형성된 반투막과 금속염 사이의 공간에 들어 있는 물유리 속으로 꾸준히 금속염이 녹아 나오기 때문에, 이 부분의 용액의 농도는 형성된 반투막 바깥 부분의 농도보다 높고, 두 용액의 농도 차이로 인한 삼투압이 반투막 내부에 형성된다. 이 압력으로 인해 바깥 압력이 가장 약한 위쪽의 반투막이 터져버리고, 이곳으로 다시 금속염의 이온들이 쏟아져 나온다. 쏟아져 나온 금속이온은 다시 외부의 물유리 성분과 만나 반투막을 형성하고, 다시 내부 삼투압이 형성된다. 이 과정이 반복되면 마치 금속염이 위쪽으로 계속해서 자라나는 형상을 하게 된다.

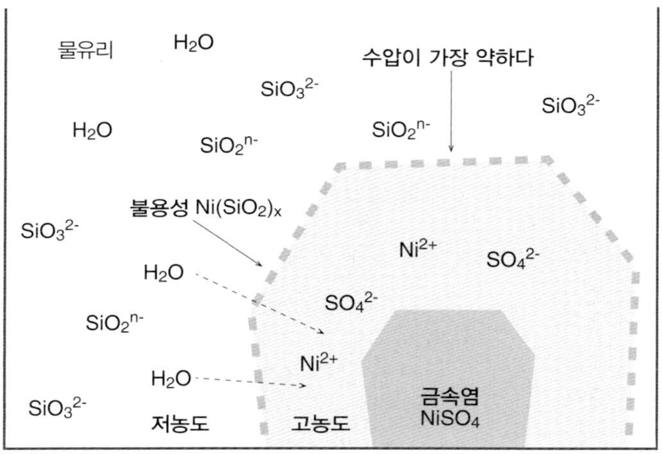

그림 17-2 금속염이 자라나는 원리

가지 각색의 금속염을 물유리 속에 다양하게 떨어뜨려 주면 아름다운 모습의 산호가 자라는 것처럼 보이는데, 이렇게 만들어진 정원을 화학 정원(Chemical Garden)이라고 한다.

그림 17-3 화학 정원의 성장 모습

기구 및 시약

물유리, 각종 금속염들(ex: $CoCl_2$, $NiSO_4$, $CuSO_4$, $Cu(NO_3)_2$, $FeSO_4$, $Cr(NO_3)_3$ 등등)
비커(혹은 유리병), 핀셋

실험 방법

① 물유리를 준비한다. 물유리는 원액을 부피비로 3~5배 정도 희석하여 사용한다.

② 정원을 꾸미고자 하는 유리병 속에 물유리를 채운다. 금속 염 결정을 넣어야 하므로 넘치지 않도록 적당량을 채운다.

③ 색색의 금속염을 유리병 곳곳에 핀셋으로 조심스럽게 떨어뜨려 가라앉힌다.

④ 화학 정원이 생기는 모습을 관찰한다.

MEMO

실험17_화학 정원

결과보고서

1. 화학정원을 꾸미기 위하여 준비한 금속염들은 무엇인가?

2. 각각의 금속염들의 색상과 자라는 모습을 정리하라.

3. 자신이 만든 화학 정원의 모습을 사진으로 기록하라.

실험17_화학 정원

실험 후 고찰

❖ 오늘의 실험을 진행하면서 기대하였던 사항은 무엇인가?

❖ 실험을 진행하면서 기대와 다른 사항은 무엇인가?

❖ 실험 결과가 다른 조에 비하여 다르게 나온 이유는 무엇인가?

❖ 실험을 진행하면서 어려웠던 점은 무엇인가?

❖ 오늘의 실험 결과를 보고 다음에 같은 실험을 한다면 어떠한 점을 개선해야 하는가?

❖ 전반적인 실험 과정에 대하여 조원들끼리 토론하고, 그 사항을 기록하라.

실험 18 종이 크로마토그래피

실험 목적

크로마토그래피의 원리를 이해하고, 가장 기본적이면서도 많이 이용하는 판크로마토그래피인 종이 크로마토그래피(chromatography)를 이용하여 물질을 분리해 본다.

기초 이론

크로마토그래피(chromatography)는 여러 가지 고체 또는 액체를 정지상(stationary phase)으로 하고 정지상의 한 끝에서 이동상(mobile phase)과 함께 혼합물 시료를 이동시켜 혼합물을 각 성분별로 분리하고 각 성분을 확인 및 정량할 수있는 기술로 공업적으로도 널리 이용되고 있다. 또한, 크로마토그래피는 이동상 이 정지상을 통과할 때 시료 성분들이 두 상에 대해서 서로 다른 분포를 갖는 상 분포(phase distribution)의 원리에 바탕을 두고 있다. 다시 말하면 정지상에 의해서 세게 붙잡혀 있는 성분일수록 정지상에 성분 분자들이 큰 비율로 존재하고 약하게 붙잡혀 있는 성분일수록 이동상 속에 그 성분 분자들의 비율이 클 것이다. 따라서 평균적으로 보면 정지상에 의해서 덜 세게 흡착되는 성분의 분자들은 이동상의 흐르는 방향을 따라 다른 성분들 보다 더 빠른 속도로 정지상을 통과하게 된다. 이로 인해 각 성분들은 서로 다른 이동 속도에 따라 분리되어 크로마토그램을 만든다.

크로마토그래피는 그 형태에 따라서 관(column) 크로마토그래피와 평면(planar) 크로마토그래피의 두 종류가 있다. 관 크로마토그래피에서 정지상은 좁은 분리관 안에 있으며 이동상은 압력이나 중력에 의해서 분리관을 통과하도록 힘을 받는다. 평면 크로마토그래피에서 정지상은 평평한 판이나 종이에 고정되며 이동상은 모세관 현상이나 중력의 영향을 받아 정지상을 통해 이동한다.

여기에서는 종이 크로마토그래피에 대해서 실험하고자 한다. 종이 크로마토그래피는 거름종이에 흡착된 극성의 액체(보통은 물)가 정지상이 되고 물과 잘 섞이지 않는 전개 용매는 이동상이 되어 두 상 사이에서 분포의 차이가 나는 시료 성분이 분리되는 일종의 액체-액체 크로마토그래피이다. 다만 거름종이의 셀룰로오스는 정지상의 지지체에 해당된다.

종이 크로마토그래피는 아주 미량(5 μg 이하)의 물질을 정성적으로 확인하는 데 매우 편리한 방법으로 혼합물인 시료의 용액을 거름종이 위에 점적하고 건조시킨 다음 전개 용매 속에 한쪽 끝을 담아 두면 용매는 모세관 인력으로 인하여 종이 위쪽으로 퍼져 올라가게 된다. 이때 시료의 성분들은 용매와 함께 이동하게 되며 이동하는 동안에 물과 전개 용매에 대한 분포의 차이에 따라 이동속도가 달라진다. 혼합물의 성분은 거름종이 위에서 분리된다. 거름종이 위에서 분리된 각 성분의 위치는 발색 시약을 뿌려서 쉽게 확인할 수 있다.

각 성분의 이동거리는 R_f 값으로 나타낸다. 어떤 한 혼합물의 R_f 값은 똑같은 조건 하에서는 일정하지만 온도, 용매의 pH, 용매의 종류 등에 따라 달라질 수도 있다.

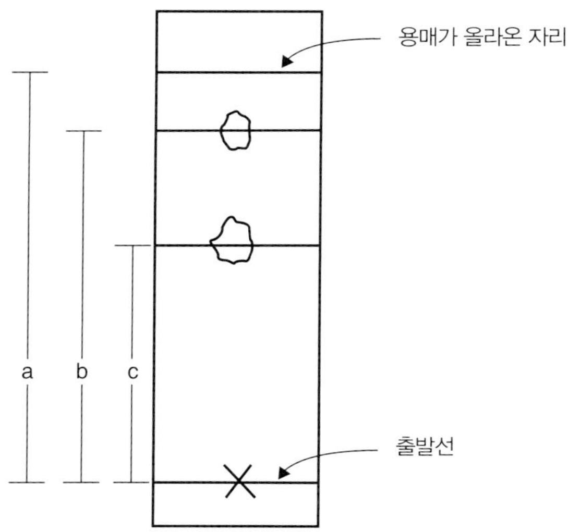

그림 18-1 R_f값 측정 방법
R_f (rate of flow) = 용질의 이동거리/용매의 이동거리

위 그림에 따르면 R_f 값은 **[출발선으로부터 같은 시간 동안 용질이 올라온 거리(b) ÷ 용매가 올라온 거리(a)]**로 볼 수 있다. 성분마다 R_f 값이 다르며, 이 값을 이용하여 각 성분을 구분지을 수 있다.

이 실험에서 주의할 점은 용매가 크로마토그래피의 가장 꼭대기에 다다르기 전에 실험을 멈추어야 한다는 점이다.

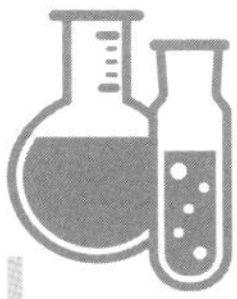

기구 및 시약

큰 시험관 또는 실린더, 유리 모세관, 자, 크로마토그래피용 거름종이, 핀셋, 피펫 색소 혼합 수용액(0.1 % congo red, 1 % fluorescein, 0.2 % methyl orange 수용액을 1 : 2 : 3으로 혼합한 것), 금속 이온 혼합액(Cu^{2+}, Fe^{2+}, Pb^{2+}의 각 금속 이온을 10 mg/mL 포함한 수용액)

실험 방법

① 크로마토그래피용 거름종이를 2개 준비하여 약 10 cm 정도 자른 다음 한쪽 끝에서 약 3 cm 떨어진 곳에 연필로 흐리게 출발선을 긋는다.

② 이 선의 중앙에 X 표를 하고, 하나의 거름종이에는 색소 혼합액을 다른 거름종이에는 금속이온 혼합액을 유리 모세관으로 가볍게 접촉시켜 그림 18-2와 같이 작은 점을 찍는다.

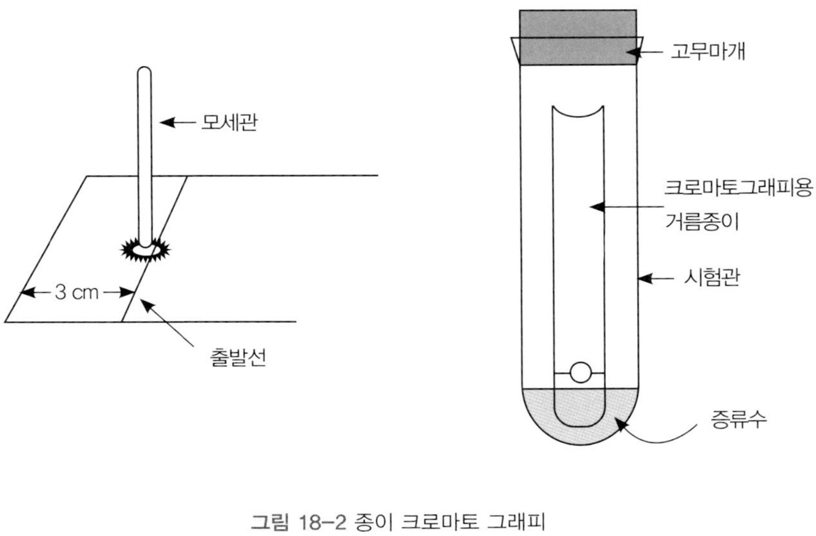

그림 18-2 종이 크로마토 그래피

③ 색소 혼합액이 거름종이에 스며든 지름이 2 mm 정도가 되도록 모세관을 이용하여 묻힌다. 적게 묻히는 것이 분리가 잘 된다. 건조시킬 때 빨리 건조되지 않으면 드라이어로 건조시킨다(가열해서는 안 된다).

④ 시험관의 벽이 젖지 않게 피펫으로 증류수를 1.5 ~ 2 cm 정도 높이가 되도록 시험관에 넣는다.

⑤ 거름종이를 그림과 같이 세로로 약간 접어서 물을 빨아올려도 쉽게 구부러지지 않도록 한 다음 시험관에 넣는다.

⑥ 거름종이에서 물이 증발되지 않도록 시험관에 마개를 닫은 후 가만히 세워둔다. 각 색소 성분은 용매인 물과 함께 점점 위로 이동하여 일정한 자리에 분리될 것이다. 이 과정을 크로마토그램의 전개(developing)라고 한다.

⑦ 거름종이의 위 끝에서 1~2 mm되는 곳까지 물이 모세관 작용으로 스며 들어 올라오면 거름종이를 꺼내서 물이 스미어 올라온 자리에 연필로 선을 긋고 전기 건조기 속에서 거름종이를 매달아 말린다.

⑧ 말린 다음에 거름종이 위에 색소가 분리된 자리를 연필로 둥글게 표시한다. 그리고 각각을 출발선으로부터 거리를 측정하여 R_f 값을 계산한다.

실험18_종이 크로마토그래피

결과 보고서

1. 전개제에 크로마토그래피를 담그고 전개가 시작된 이후, 꺼낼 때까지의 시간은 얼마인가?

2. 전개액(증류수)가 올라온 높이는 출발선으로부터 몇 mm인가?

3. 색소 시약이 올라온 높이는 출발선으로부터 몇 mm인가?

색소 1. ______________________

색소 2. ______________________

색소 3. ______________________

색소 4. ______________________

색소 5. ______________________

4. 색소 시약에 따른 각각의 R_f값을 구하라.

색소 1. ______________________

색소 2. ______________________

색소 3. ______________________

색소 4. ______________________

색소 5. ______________________

5. 전개된 모양과 거리는 시료에 따라 다르다. 사진으로 기록하라.

6. 색소처럼 눈으로 쉽게 확인할 수 있는 물질이 아닌 경우 확인할 수 있는 방법은 무엇이 있는가?

실험18_**종이크로마토그래피**

실험 후 고찰

❖ 오늘의 실험을 진행하면서 기대하였던 사항은 무엇인가?

❖ 실험을 진행하면서 기대와 다른 사항은 무엇인가?

❖ 실험 결과가 다른 조에 비하여 다르게 나온 이유는 무엇인가?

❖ 실험을 진행하면서 어려웠던 점은 무엇인가?

❖ 오늘의 실험 결과를 보고 다음에 같은 실험을 한다면 어떠한 점을 개선해야 하는가?

❖ 전반적인 실험 과정에 대하여 조원들끼리 토론하고, 그 사항을 기록하라.

실험 19 나일론 제조

실험 목적

각종 의류의 재료로 사용되는 나일론을 직접 합성하여 봄으로써 고분자 중합 반응을 공부한다.

기초 이론

고분자(polymer)는 유기 재료로써 금속 재료, 세라믹(ceramic) 재료와 함께 소재에서 중요한 위치를 차지하고 있다. 과거로부터 섬유로 사용되었던 나일론(Nylon)은 그 구조에 따라 몇 가지 종류가 있는데, 나일론 6,6의 경우 엔지니어링 플라스틱으로써 금속의 기능을 부분적으로 대신하여 사용될 정도다. 나일론은 캐로더스(Carothers)에 의하여 1936년 합성된 polyamide의 상품명이다. 이 중합체(polymer)는 디카르복시산(dicarboxylic acid)과 디아민으로부터 다음과 같은 축합에 의하여 얻어진다.

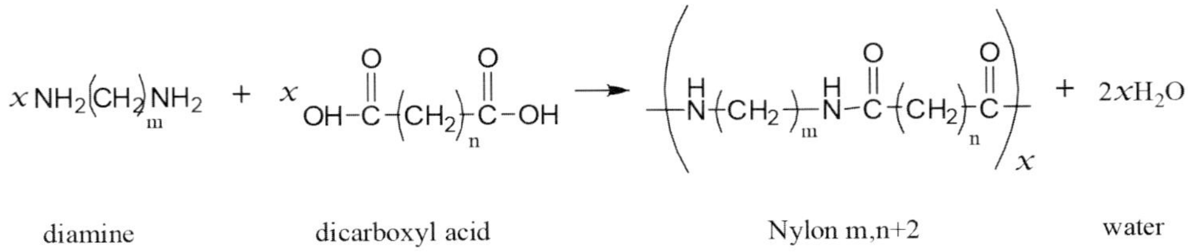

Nylon 6,6에서 앞의 6은 디아민의 탄소수, 뒤의 6은 디카르복실산의 탄소수를 의미하며, Nylon 6,10은 디아민의 탄소사슬을 구성하는 탄소가 6개, 디카르복실산을 구성하는 탄소수

가 10개라는 뜻이 된다. 위와 같이 중합 과정 중에서 물 분자와 같은 중간 생성물이 빠져나오면서 단량체들이 서로 연결되는 중합 반응을 축합 중합(condensation polymerization)이라고 부른다. 나일론과 같이 아민과 카르복실산이 결합하면서 물분자가 빠져나오면 그 사이에는 그림 19-1과 같은 펩티드 결합(peptide bond)이 형성되며, 이 결합 방법은 아미노산(amino acid)이 서로 연결되면서 단백질이 형성되는 원리와 동일하다.

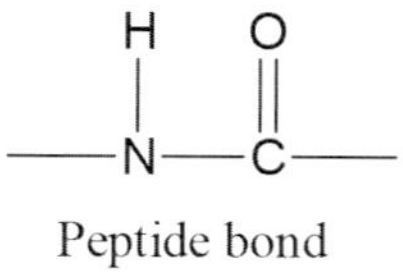

그림 19-1 펩티드 결합 구조

이번 실험을 통하여 만들어 볼 나일론 6,10은 디카르복실산또는 디카르복실산의 염화물을 디아민과 연속적으로 반응시켜 합성할 수 있다. 이 실험에서는 디카르복실산의 염화물인 염화 세바코일(sebacoyl chloride)과 헥사메틸렌 디아민을 이용할 것이며, 이 경우 반응식은 다음과 같다.

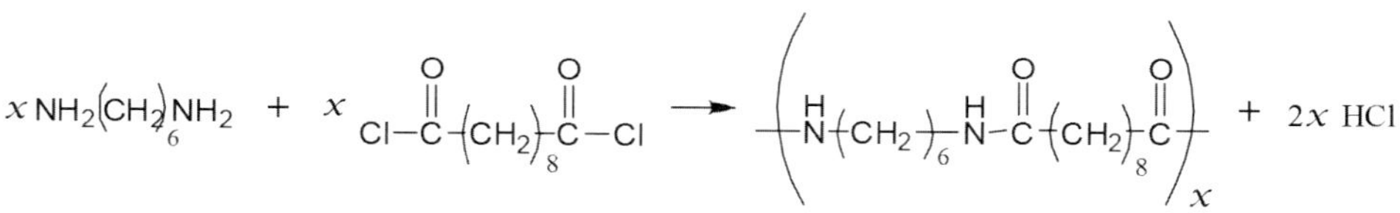

이 경우 중합 과정 중에 빠져나오는 분자는 염화 수소 분자이며, 반응물이 수용액과 유기 용매로 구성되어 있기 때문에, 극성이 큰 염화 수소(HCl) 분자는 수용액 층으로 녹아들어가 염산 용액, HCl(aq)을 형성한다. 때문에 실험 과정 동안 생성된 나일론 섬유에 상당한 농도의 염산 용액이 묻어 있게 되므로 손으로 직접 만지지 않도록 조심해야 한다.

앞서 언급했듯이 반응물이 각각 수용액과 유기 용매에 녹아있는 상태로 반응을 진행시키면, 두 용액은 서로 경계면을 이루고 두 층으로 분리된다. 이 경계면에서 중합 반응이 일어나며, 서로 섞이지 않는 두 용액의 경계면에서 중합이 일어나는 것을 계면 중합(interfacial polymerization)이라고 한다. 이러한 계면 중합 방법은 축합 중합체를 합성하는 데 많이 응용되며, 특히 polyamides, polyurethanes, polyurea, polysulfonamides 및 poly(phenyl ester) 등을 합성하는 데 이용되고 있다.

실험에 사용되는 헥사메틸렌 디아민은 물에는 잘 녹으나, 비극성 유기 용매에는 잘 녹지 않는다. 또한 염화 세바코일은 물에 녹지 않고, 비극성 유기 용매에 잘 녹는다. 그동안 유기 용매로 주로 사염화 탄소(CCl_4)를 이용해 왔으나, 사염화 탄소가 오존층을 파괴하는 환경 물질로 국제적으로 규제됨에 따라 이 실험에서는 디클로로 메테인(CH_2Cl_2)를 이용하도록 한다.

수산화 소듐을 촉매로 포함하는 수용액과 유기 용매 사이의 계면에서 중합 반응이 진행될 것이며, 그 결과 나일론 6,10이 계면에서 생성된다. 수용액 혹은 유기 용매에 색이 있는 형광물질이나 색소를 첨가하면 색이 있는 나일론을 만들 수도 있다. 만들어진 나일론은 이미 언급했듯이 염산용액이 잔뜩 묻어 있으므로, 실제 섬유로 사용하기 위해서는 묻어 있는 여분의 용액을 씻어내고, 끊어지지 않도록 방적 공정을 거쳐야 한다.

기구 및 시약

깨끗한 유리 비커(250 mL), 피펫, 핀셋, 유리막대, 저울
헥사메틸렌 디아민, 염화 세바코일, 디클로로 메테인, 수산화 소듐

실험 방법

① 염화 세바코일 1 mL를 디클로로 메테인 50 mL에 녹인다.

② 헥사메틸렌 디아민 2.3 g과 수산화 소듐 0.4 g을 50 mL의 증류수에 녹인다.

③ 염화 세바코일 용액이 담겨 있는 비커의 벽을 따라서 ②번 용액을 천천히 부어 넣어서 두 용액의 계면이 형성되도록 한다. 이 과정중에 용액을 너무 빨리 따라 넣으면 두 용액이 서로 섞여서 포도알과 같은 방울들이 만들어지기 때문에 안된다. ②번 용액이 서서히 ①번 용액과 계면을 형성하도록 조심하도록 하며, 유리막대를 이용하여 유리막대를 따라 흘려넣으면 쉽게 따라 넣을 수 있다.

④ 두 용액의 계면에 형성된 나일론 필름을 그림 19-2와 같이 핀셋으로 집어내어 끌어올리면 계면의 필름이 벗겨지는 위치에 새로이 필름이 형성되고, 연속적으로 계면에 형성된 필름이 끌려올라올 것이다.

⑤ 끌어올린 필름을 유리막대에 계속하여 감아올린다. 이때 필름을 손으로 만지지 않도록 주의한다.

⑥ 합성된 나일론을 메탄올 또는 아세톤과 물을 1:1로 혼합한 용액으로 씻은 후에 다시 물로 충분히 씻어서 말리도록 한다.

참고
계면에 형성된 나일론을 끌어올리는 과정에서 자꾸 부서지거나 끊어진다면 과정 ②에서 넣는 NaOH의 양을 조금 더 늘리도록 한다.

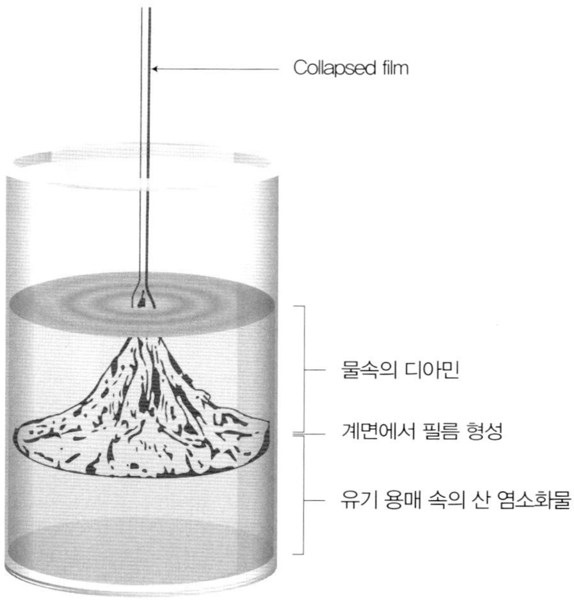

그림 19-2 계면 중합의 계면으로부터 나일론을 끌어올리는 모습

실험19_나일론 제조

결과 보고서

1. 계면에 형성된 나일론의 모습을 사진 자료와 함께 기록하라.

2. 얻은 나일론의 무게를 달고 수득률을 계산하라.

3. 이 실험에서 NaOH는 어떠한 작용을 하는가?

MEMO

실험19_**나일론 제조**

실험 후 고찰

❖ 오늘의 실험을 진행하면서 기대하였던 사항은 무엇인가?

❖ 실험을 진행하면서 기대와 다른 사항은 무엇인가?

❖ 실험 결과가 다른 조에 비하여 다르게 나온 이유는 무엇인가?

❖ 실험을 진행하면서 어려웠던 점은 무엇인가?

❖ 오늘의 실험 결과를 보고 다음에 같은 실험을 한다면 어떠한 점을 개선해야 하는가?

❖ 전반적인 실험 과정에 대하여 조원들끼리 토론하고, 그 사항을 기록하라.

실험 20
어는점 내림에 의한 분자량 측정

실험 목적

총괄성을 이해하고, 분자량을 측정하기 위한 기본적인 방법을 습득한다.

기초 이론

묽은 용액에서는, 총괄성은 존재하는 용질 입자의 몰수에만 의존하고 용질의 성질에는 의존하지 않는다. 용질을 가할 때 용매의 총괄성이 변화하는 방법을 알면, 존재하는 용질 입자의 몰수를 구할 수 있다. 이로부터 용질의 몰 질량을 구할 수 있다.
이 실험에서는 어는점 내림을 측정한다.

순수한 용매는 T_1이라 부르는 일정한 어는점을 가진다. 예를 들면, 순수한 물은 T_1 = 0.0 ℃이다. 적은 양의 용질을 가하면 어는점이 T_2라는 온도로 떨어진다. 예를 들면, 바닷물의 어는점은 0 ℃보다 더 낮은데 이는 용해되어 있는 염 때문이다. 어는점 내림을 다음과 같이 계산할 수 있다.

$$\Delta T = T_1 - T_2$$

"ΔT"를 "델타 T"로 읽는다. 그리스문자 Δ는 변화량을 의미한다. 그래서 ΔT는 온도의 변화를 뜻한다. 이 온도의 변화는 다음 식과 같이 용액의 농도와 관련되어 있다.

$$\Delta T_f = K_f m$$

여기서 m은 용액의 몰랄농도이다. 어는점 내림 상수는 용질이 아닌 용매에 따라 고유한 값을 가진다. 몰랄농도는 용매 단위 질량에 용해된 용질의 몰수이다. 용액의 단위 질량이 아니고 용매의 단위 질량을 사용하는 데 주의해야 한다.

$$몰랄농도 = \frac{용질의몰수}{용매의질량}$$

몰랄농도의 단위는 통상 "용매 1 kg당 용질의 몰수"이다.

상수 K_f는 어는점 내림 상수라 한다. 그 값은 용질의 성질에는 의존하지 않고 용매의 성질에만 의존한다. 그러므로 각 용매는 고유한 어는점 내림 상수를 가지고 있다. 용질의 몰질량과 농도를 아는 용액의 어는점을 측정함으로써 K_f를 구할 수 있다. 몰질량이 μ인 용질을 w g이라고 가정하자. 그럼 w/μ 몰의 용질이 존재할 것이다. 이것을 s kg의 용매에 용해시키면 용액의 몰랄농도 m은 다음과 같다.

$$몰랄농도(m) = \frac{용질의\ 질량(w\ g)}{용질의\ 몰질량(\mu)} \times \frac{1}{용매의\ 질량(s)}$$

또, 단위에 대해 일치하는 식은 다음과 같다.

$$\frac{g 용질}{g 용질/mol 용질} \times \frac{1}{kg 용매}$$

둘째 식에 주어진 단위를 사용하여, 첫째 식에 숫자로 나타낸 값들을 치환한다. 만일 이 몰랄농도가 ΔT 켈빈의 어는점 내림을 가져오면 다음을 알게 된다.

$$\frac{(g 용질/mol 용질)\ kg 용매 K}{g 용질} = kg 용매 K/mol 용질$$

온도의 차에 대해 통상의 단위인 켈빈(K)으로 어는점 내림(ΔT_f)을 측정하는 것에 주의한다.

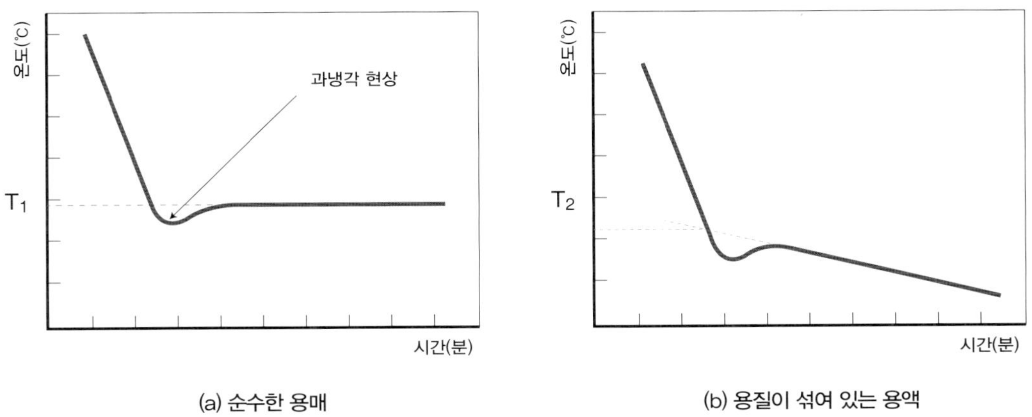

그림 20-1 시간 – 냉각곡선

그림20-1의 시간이 지남에 따른 온도 변화를 측정하여 그래프로 나타낸 것이다. 이 그래프를 얻기 위하여 한 사람은 끊임없이 어는점 내림 장치의 젓개를 휘저어야만 한다. 그렇지 않으면 그래프의 선들은 요동치는 모양으로 나타나 제대로 된 T_1과 T_2를 측정할 수 없을 것이다. 왼쪽의 그림(a)는 순수한 용매에서 나타나는 T_1점이며, 오른쪽의 그림 (b)는 용질이 섞여 있는 용액에서 나타나는 T_2의 위치를 보여준다.

두 온도 T_1과 T_2를 ℃로 측정한다. 두 온도 T_1과 T_2는 순수한 용매와 용질이 첨가된 용액의 냉각 곡선을 이용하여 정확하게 확인할 수 있다. 이 그래프는 시간에 대한 용매 또는 용액의 온도 변화를 나타내는 그래프이다. 순수한 용매의 냉각곡선에서의 온도(T_1)는 어는점에서 계속 변하지 않고 있다. 그러나 용질을 가한 용액은 응결함에 따라 온도가 천천히 계속해서 내려가기 때문에 순수한 용매의 어는점보다 더 내려간다. 이러한 이유는 순수한 용매의 분자들이 온도가 내려가면 응결하게 되는데 소수의 용질들이 들어가면 그 응결하는 반응을 방해하기 때문이다. 즉, 더 낮은 온도에서 T_2를 구할 수 있다. 구한 T_1과 T_2를 켈빈(K)으로 그 차를 구하기 위해 그것들을 뺀다. 빼기 전에 켈빈으로 각기 변화시킬 필요가 없는 이유는 각기 가해준 273.15가 상쇄되기 때문이다.

용매에 대한 T_f를 알면 이 값을 이용하여 용질의 몰질량을 구할 수 있다. 위의 사실을 거꾸로 응용할 수 있다. T_f값과 ΔT_f로부터 용액의 몰랄농도를 구한다. 그다음에 몰랄농도의 용질의 질량과 용매의 질량에 관한 지식을 이용하여 미지 화합물의 몰질량과 분자량을 다음과 같이 구한다.

$$\text{분자량}\ (g/mol) = \frac{K_f \times \text{용질의 질량}(g)}{\Delta T \times \text{용매의질량}(Kg)}$$

기구 및 시약

32 × 200 mm 시험관, 25 × 20 mm 시험관, 600 mL 비커, 젓게, 얼음 200 mL 비커, 0.2 ℃ 간격으로 눈금이 새겨진 온도계(측정 범위, – 10 ℃ – 50 ℃)

시클로 헥세인, 나프탈렌

실험 방법

1. 용매의 어는점 결정

시클로 헥세인은 인화성 용매이다. 실험하기 전이나 실험하는 동안에 주위에 불꽃이 있지 않은지를 확인하여라.

① 32 × 200 mm 시험관과 25 × 20 mm 시험관을 구한다. 작은 시험관 내부가 깨끗하고 물기가 없는 것을 확인한다. 작은 시험관에 35~40 mL의 시클로 헥세인을 가한다.

② 코르크에 있는 구멍들을 통해 온도계와 젓개를 끼워 넣는다. 그 다음에 코르크를 내부 시험관 안에 놓는다.

③ 600 mL 비커에 약 200 mL의 물을 가한다. 비커를 얼음으로 채운다.

④ 이 얼음과 물의 중탕 속에 내부 시험관을 끼워 넣는다. 그것을 약 12 ℃로 미리 냉각시킨다.

⑤ 시험관을 빼낸다. 시험관 바깥의 물기를 종이 타월로 완전히 없앤다. 그 다음에 두 시험관이 부딪치는 것을 막기 위해 외부 시험관 안 바닥에 종잇조각을 넣고, 내부 시험관을 외부 시험관 속에 끼워 넣는다.

⑥ 모든 장치(내부와 외부 시험관들)를 얼음 중탕 속에 담근다. 시클로 헥세인의 수평면이 중탕의 얼음 면 아래에 있는 것을 확인한다.

⑦ 이제 시클로 헥세인을 계속해서 휘젓는다. 그것이 식어감에 따라 매 30초마다 0.1 ℃까지 정확히 온도를 기록한다(온도를 주위 깊게 살펴본다). 액체 밖으로 고체가 나오기 시작한 후의 온도가 거의 같지만, 그 후에도 여러 번 온도를 기록하는 것을 잊지 않는다. 때때로 액체의 온도가 고체의 분리도 없이 어는점 아래로 떨어지고, 그 다음에 결정이 나타나면서 온도가 다시 갑자기 올라가는 일이 일어난다. 이 효과는 과냉각으로 알려져 있다. 냉각곡선에 나타나 있는 하나의 움푹하게 파인 꼴은 과냉각에 기인한다. 실제 어는점은 고체와 액체가 함께 평형에 있을 때의 온도이다.

⑧ 시클로 헥세인을 담고 있는 내부 시험관을 빼내어 다음의 실험을 시작하는 동안에 따뜻해지도록 그것을 옆에 둔다.

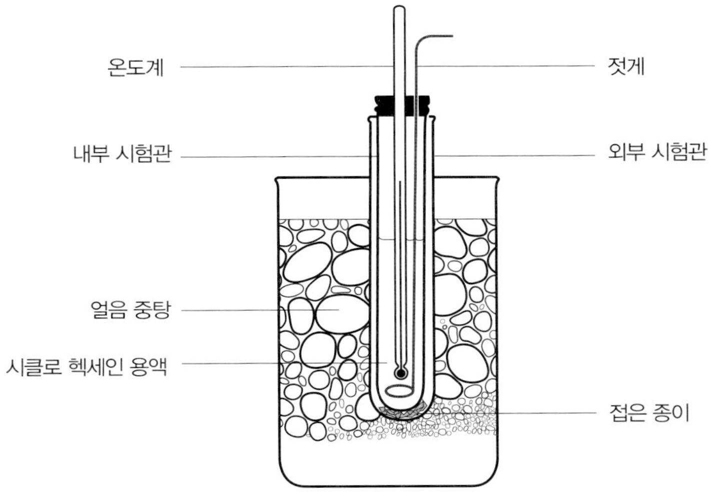

그림 20-2 액체의 어는점 내림 측정 장치

2. 용매의 어는점 상수 결정

여기서 사용할 표준 질량의 용질은 나프탈렌($C_{10}H_8$)으로 분자량은 128 *g/mol*이다.

① 나프탈렌이 들어 있는 무게 다는 병 또는 무게 다는 플라스크 1개를 준비한다.
화학 저울을 사용하여(0.01 g까지) 정확히 그것의 무게를 측정한다.

② 다른 깨끗하고 물기 없는 내부 시험관 1개를 준비한다. 그리고 0.06~0.70 g의 나프탈렌을 그 시험관 속으로 옮긴다. 나프탈렌을 얼마나 넣었는지 정확하게 결정하기 위해 무게 다는 병의 무게를 잰다.

③ 시험관에 마개를 한다. 어림저울 접시 위에 깨끗하고, 물기 없는 250 mL 비커를 어는점 내림에 의한 분자량 측정 사용하여, 시험관이 똑바로 세운 위치에 있도록 받쳐준다(이 단계에서는 화학 저울을 사용하지 않는다). 나프탈렌을 담고 있는 시험관, 마개, 그리고 비커를 합하여 그 무게를 0.01 g까지 정확히 측정한다.

④ 이제 어는점 결정에 사용한 시클로 헥세인을 나프탈렌이 들어 있는 시험관에 넣는다. 이때 시험관 윗부분에 달라붙어 있는 모든 고체 입자들을 씻어 내려야 한다. 시클로 헥세인을 시험관 내부 밑으로 주의하여 따라줌으로써 그렇게 할 수 있다.

⑤ 시험관을 막고 그것의 무게를 다시 단다. 이렇게 하면 시험관에 가한 시클로 헥세인의 질량을 알게 된다.

⑥ 시험관을 잘 흔들어 나프탈렌을 완전히 용해시킨다.

⑦ 코르크에 있는 구멍들 속에 온도계와 젓개를 끼워 넣는다. 그 다음에 전과 같이 내부 시험관 안으로 코르크를 끼워 넣는다.

⑧ 용액을 약 10 ℃로 미리 냉각시킨다.

⑨ 시험관을 빼어낸다. 종이 타월로 철저히 시험관 바깥에 있는 물기를 없앤다. 그 다음에 두 시험관이 서로 닿지 않도록 외부 시험관에 접은 종잇조각을 먼저 넣고, 여기에 용액이 들어 있는 내부 시험관을 끼워 넣는다.

⑩ 용매에 대하여 했던 것과 같이 냉각곡선을 결정한다. 용액을 계속해서 휘젓는 것을 잊어서는 않된다. 30초 간격마다 온도를 기록한다. 용액을 가까이 관찰하고, 그리고 용액 중에 고체가 처음으로 나타난 후에도 적어도 8~10회의 온도 기록을 계속하여야 한다. 이 시점에서 실험을 잠시 멈추고 용액의 냉각곡선을 대강 그려보는 것도 좋겠다. 학생들은 자신들이 그린 그림 위에 나타난 냉각곡선이 일반적 모양을 가지고 있는가를 확인해 보고 싶을 것이다. 이것은 충분히 낮은 온도에서까지 학생들이 측정하였는가도 확인하여 줄 것이다.

⑪ 얼음 중탕으로부터 시험관을 빼어 낸다. 흐르는 수돗물 밑에 시험관을 놓고 용액을 약 10 ℃까지 높인다.

⑫ 시험관 밖의 물기를 없애고, 장치를 다시 꾸며 맞춘다.

⑬ 두 번째 냉각곡선을 결정한다.

⑭ 이 용액에 대한 두 냉각곡선을 도표로 그린다. 어는점을 각각 구하고, 계산할 때 평균값을 사용한다.

⑮ 용액에 들어 있는 나프탈렌과 시클로헥산의 질량으로부터 용액의 몰랄농도를 구한다. 그 다음에 다음 식을 이용하여 이 용매에 대한 어는점 상수 K_f의 값을 구한다.

$$K_f = \frac{\Delta T}{m}$$

3. 미지 시료의 분자량 결정

지도교수는 학생들에게 미지 시료를 주고 그것의 질량 백분 조성을 말해준다. 학생들은 이 숫자들을 주의하여 기록한다.

① 앞에서와 같이 정확히 무게를 단 0.60~0.70 g의 미지 시료를 건조된 시험관에 넣는다.

② 0.01 g까지 무게를 달기 위해 어림저울을 사용하여, 시클로 헥세인 40 mL의 무게를 단다(이것을 kg으로 나타낸다).

③ 이 시클로 헥세인을 미지 시료가 들어 있는 시험관에 가한다.

④ 앞서 했던 것처럼 장치를 꾸며 맞춘다.

⑤ 이 용액의 냉각곡선을 결정한다.

⑥ 흐르는 수돗물 밑에 시험관을 놓고 용액의 온도를 약 10 ℃까지 높인다.

⑦ 시험관 바깥쪽의 물기를 완전히 없앤다. 그리고 장치를 다시 꾸며 맞춘다. 그 다음 두 번째 냉각곡선을 결정한다.

⑧ 이 용액의 어는점은 두 어는점의 평균값으로 한다. 용액을 먼저처럼 마련된 폐기물 용기에 처리하고, 장치를 깨끗한 상태로 놓아둔다. 미지 시료의 어는점을 사용하여, 용액의 몰랄농도를 계산한다. 그 다음에 미지 시료의 분자량과 그 분자식을 계산할 수 있다. 계산식은 다음과 같다.

$$\text{몰질량} = \frac{\text{용질의 질량}}{\text{용매의 질량}} \times \text{어는점 상수} \times \frac{1}{\text{어는점 내림}}$$

위의 식과 일치하는 단위는 다음과 같다 :

$$\frac{g}{mol} = \frac{g}{kg} \times \frac{\mathrm{K}\,kg}{mol} \times \frac{1}{\mathrm{K}}$$

g/mol로 나타낸 몰질량의 숫자로 나타낸 값은 분자량이다.

$$\text{분자량 } (g/mol) = \frac{K_f \times \text{용질의 질량}(G)}{\Delta T \times \text{용매의 질량}(Kg)}$$

MEMO

실험20_ **어는점 내림에 의한 분자량 측정**

결과 보고서

1. 용매의 어는점(T_f) 결정

1) 사용한 시클로 헥세인의 부피와 질량은?

2) 시간에 따른 헥산의 온도 변화를 기록하고, 시간과 온도와의 관계를 엑셀과 같은 스프레드시트 프로그램을 이용하여 그래프로 그려라.

3) 어는점 T_f를 구하라.

2. 용매의 어는점 상수 결정

1) 사용한 나프탈렌의 질량은?

2) 사용한 시클로 헥세인의 질량은?

3) 용액의 몰랄농도(m)는 얼마인가?

4) 시간에 따른 용액의 온도 변화를 기록하고, 시간과 온도와의 관계를 엑셀과 같은 스프레드시트 프로그램을 이용하여 그래프로 그려라.

5) 어느점 내림(ΔT)는 얼마인가?

6) 위 값들을 이용하여 어는점 내림상수 K_f를 구하여라.

3. 미지 시료의 분자량 결정

1) 사용한 미지 시료의 질량은 얼마인가?

2) 사용한 시클로 헥세인의 질량은?

3) 시간에 따른 용액의 온도 변화를 기록하고, 시간과 온도와의 관계를 엑셀과 같은 스프레드시트 프로그램을 이용하여 그래프로 그려보라.

4) 어느점 내림(ΔT)는 얼마인가?

5) 앞서의 실험에서 구한 K_f값을 이용하여 용액의 몰랄농도(m)를 결정하라.

6) 위 값들을 이용하여 미지 시료의 분자량을 구하여라.

MEMO

실험20_어는점 내림에 의한 분자량 측정

실험 후 고찰

❖ 오늘의 실험을 진행하면서 기대하였던 사항은 무엇인가?

❖ 실험을 진행하면서 기대와 다른 사항은 무엇인가?

❖ 실험 결과가 다른 조에 비하여 다르게 나온 이유는 무엇인가?

❖ 실험을 진행하면서 어려웠던 점은 무엇인가?

❖ 오늘의 실험 결과를 보고 다음에 같은 실험을 한다면 어떠한 점을 개선해야 하는가?

❖ 전반적인 실험 과정에 대하여 조원들끼리 토론하고, 그 사항을 기록하라.

실험 21 킬레이트 적정 :마그네슘의 정량

실험 목적

이 실험에서는 마그네슘 이온의 농도를 측정함으로써 미지 용액에 나타난 금속 양이온의 정량적 분석을 통해 물의 경도 측정을 시행하며, 금속 착화합물에 대해서도 공부한다.

기초 이론

착이온(complex ion)은 이온이나 중성 분자들에 의하여 둘러싸인 중심 이온(금속이온)으로 이루어진 이온이다. $[Cu(OH)_4]^{2-}$ 등이 그 예이며 이 경우에 Cu^{2+}가 중심 금속이온이 된다. 킬레이트화는 하나의 금속이온을 두 개 이상의 결합을 하는 중성 분자나 이온이 둘러싸서 커다란 분자인 착화합물(착물)을 형성하는 것을 일컫는다. 킬레이트란 말은 그리스어 chele 즉 “claw(집게발)”로부터 유래된다. 킬레이트제는 중심 이온에 붙을 수 있는 둘 또는 그 이상의 “집게발” 또는 결합자리를 가지고 있다.

이 실험에서 킬레이트제로 ethylenediamine tetraacetic acid의 disodium염을 사용한다. (disodium은 두 개의 sodium을 뜻한다.) 이것을 간단히 EDTA라 부르며, 화학 방정식에서는 간단히 Na_2H_2V라 쓴다. 이것은 용액 속에서 이온화할 수 있는 2의 소듐 원자와 2개의 수소 원자가 분자 내에 존재한다는 것을 강조해 주는 표기 방법이다. 또한 V는 EDTA의 그 외의 잔여기를 나타내 준다. 소듐 원자는 이온화하지만 수소 원자는 단지 염기 용액에서만 이온화한다. 이것은 용액 중에서 수소이온의 총 농도는 매우 낮다는 것을 의미하고 있다.

EDTA는 여러 가지의 중심 금속이온과 6개의 결합을 형성할 수 있으며, 결합에 참여하는 EDTA 분자내의 6개의 원자들은 2개의 단일 전하를 띤 산소 원자, OH기들의 두 개의 산소, 두 개의 질소 원자이다. 이 원자들 각각은 모두 비공유 전자쌍(고립 전자쌍) 을 가지고 있다. 금속 원자에 이들 비공유 전자쌍을 제공하여 공유하는 배위공유결합을 형성한다. 중심 원자 주위의 전자쌍의 수요는 분자 또는 착이온의 구조를 결정하는 주요인이 된다.

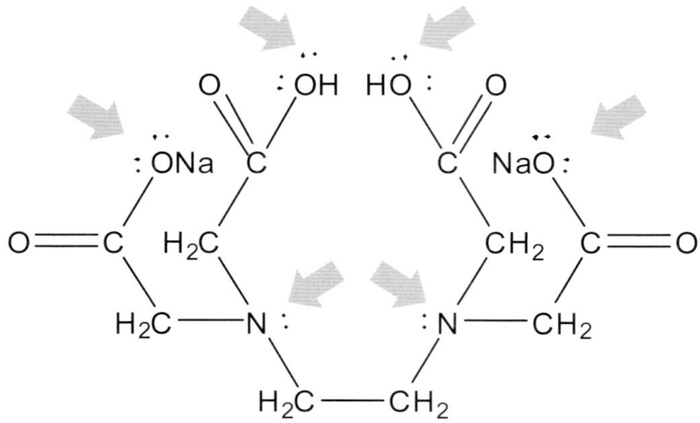

그림 21-1 Na_2H_2V의 모습. 비공유 전자쌍이 있는 네 개의 산소 원자와 두 개의 질소 원자(화살표로 표시한 곳)가 금속과 결합한다.

$H_4V \cdot 2H_2O$는 용해도가 작기 때문에 분석 화학에서는 disodium EDTA의 2수화물($Na_2H_2V \cdot 2H_2O$)을 물에 녹여 용액을 만든다. 또한 매우 순수한 형태로 얻어지므로 이것이 일차 표준 물질로 적당하다.

화학자들은 많은 금속이온을 분석하기 위하여 EDTA를 사용한 정량적인 방법을 발전시켜 왔다. 이 방법의 가장 일반적인 것 중의 하나는 물의 경도를 측정하는 것이다. 원래 천연수에는 무기 및 많은 유기 이온들이 녹아 있는데, 주로 마그네슘이나 칼슘 때문에 경수(센물, hard water)가 된다. 물의 경도(hardness)는 ppm으로 나타내며, 1 L 중의 1 mg이 있을 때 1 ppm에 해당된다. ppm은 백만 개 중 몇 개(partsper million)를 뜻한다. 물의 경도는 주로 탄산 칼슘($CaCO_3$)에 의한 것으로 여겨진다. 경도가 1이라 하는 것은 보통 물 100 mL 속에 탄산 칼슘이 1 mg 포함되어 있는 것을 세기 1도로 정하여, 이 값이 20 이상이면 센물, 20 이하이면 단물(soft water)이라 한다.

각국별 경도 표시법

- 프랑스 : 물 100 mL 중 $CaCO_3$ 1 mg
- 독 일 : 물 100 mL 중 CaO 1 mg
- 미 국 : 물 1000 mL 중 $CaCO_3$ 1 mg (= 1 ppm)
- 영 국 : 물 1 galon 중 $CaCO_3$ 1 grain (1 mg/70 mL)

의약품으로 EDTA는 납이나 그 밖의 금속에 의한 중독자를 치료하는 데 사용한다. 이것이 금속이온과 결합하여 착이온을 형성하여 신체에 해로운 반응에 참여하는 것을 막아준다. disodium EDTA는 약한 산성을 가지므로 염기로 중화가 되었을 때 염을 형성한다. 만약 용액의 pH가 충분히 높아지면(비교적 염기성이 강한 pH 10) Na_2H_2V 는 V^{4-}로 존재한다. 음이온인 V^{4-}는 Mg^{2+}와 킬레이트를 이루어 더 이상 반응이 일어나지 않는 안정한 MgV^{2-}음이온을 형성한다.

$$V^{4-}(aq) + Mg^{2+}(aq) \rightarrow MgV^{2-}(aq)$$

이 식은 한 개의 Mg^{2+}이온은 역시 한 개의 EDTA와 반응하는 것을 보여 주고 있다.

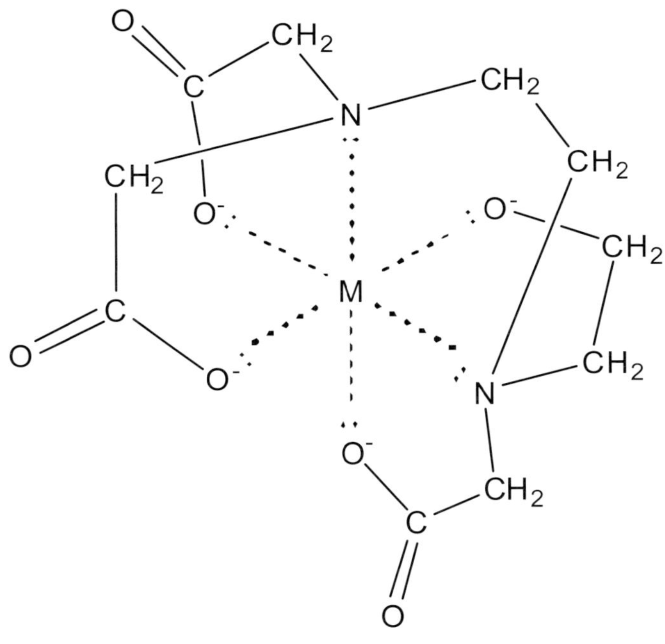

그림 21-2 가운데 M은 금속이온으로 주위의 여섯 원자들로부터
배위 공유 결합을 하고 착이온을 형성한다.

정량 적정에서는 EDTA가 모든 Mg^{2+}와 충분히 반응하도록 부가하였다는 것을 나타내 주는 지시약이 필요하다. pH 10에서 Mg^{2+}를 적정하는 좋은 지시약으로는 EBT(Eriochrome Black T)가 있으며 염료의 소듐염의 형태이다.

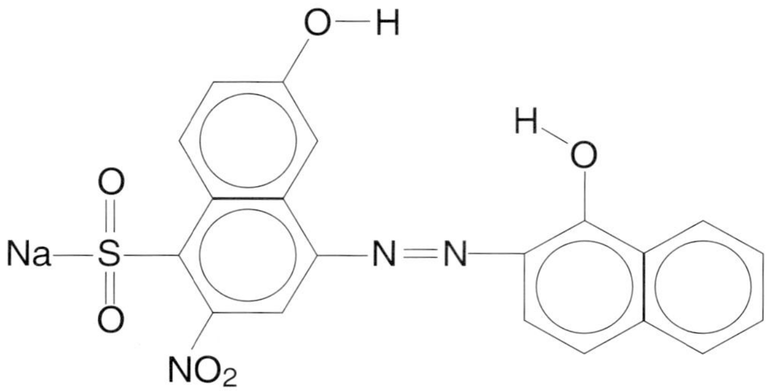

그림 21-3 EBT지시약의 구조. 높은 pH에서 H원자가 이온화되고, 용액 속에서 Na가 이온화되면 남은 자리들이 금속이온을 둘러싸서 착이온을 형성한다.

EBT는 높은 pH에서 소듐 원자와 수산기의 두 수소 원자들이 이온화한다. 이 결과로 3가의 음이온이 형성된다. 지시약이 마그네슘이 포함된 용액에 가해지면 일차적으로 Mg^{2+}와 결합한다. 이 반응을 간단하게 표시하기 위하여 지시약 음이온은 In^{3-}로 간략히 표기하였으며 반응은 다음과 같다.

$$Mg^{2+}(aq) + In^{3-}(aq) \rightleftarrows MgIn^{-}(aq)$$

Mg^{2+}와의 착이온 형성은 지시약 분자 두 개의 이온화된 수산기와 두 개의 질소원자를 포함한다. EDTA를 가지고 적정할 때에 EDTA가 Mg^{2+}와 반응하여 평형을 왼쪽으로 이동시킨다. EDTA의 양이 많아질수록 역반응이 일어나며, 용액 중 $MgIn^{-}$의 양은 줄어들고, 당량점에 도달함에 따라 용액의 색은 $MgIn^{-}$에 의한 핑크색에서 자주색으로 변하고 마지막에는 In^{3-}에 의한 푸른색을 띠게 된다. 이 푸른색이 당량점을 표시하며 Mg^{2+}이온이 더 이상 남아 있지 않다는 것을 나타내 주고 있다.

기구 및 시약

삼각플라스크, 비커

0.1 M NaOH, 암모니아 완충 용액(pH 10), Eriochrome Black T, 0.02 M EDTA

실험 방법

① 10 mL 미지 용액 시료를 피펫으로 정량하여 깨끗한 플라스크에 옮긴다.

② 산성을 중화시키기 위하여 0.1 M NaOH를 충분히 가해준다.

③ 약 50 mL와 암모니아 완충용액에 45 mL 증류수와 3방울 정도의 Eriochrome Black T 지시약 용액을 가한다. 이용액은 핑크색이 된다.

④ 표준 0.02 M EDTA로 용액이 연한 자주 → 자주 → 연한 푸른색으로 바뀔 때까지 적정한다. 마지막으로 연한 푸른색은 당량점을 나타내 준다. 이때 하얀 종이를 적정하는 플라스크 밑에 놓으면 색의 변화를 좀 더 쉽게 알 수 있다.

⑤ EDTA 용액 0.1 mL 한도 내에서 적정치가 일치하도록 적정을 2~3회 반복한다.

⑥ EDTA의 정확한 농도와 평균 적정 값으로 용액 속의 마그네슘 이온을 결정한다.

참 고

- 마그네슘 이온(Mg^{2+}) 1개는 EDTA 분자 1개와 정량적으로 반응한다고 보고, 용액 속의 금속원소를 모두 마그네슘 이온으로 가정한 후 용액의 Mg^{2+} 농도를 구한다. 경도로 표시한다면 얼마인지 구한다.
- 위 실험을 수돗물에 대하여, 지하수에 대하여, 빗물에 대하여, 연못물에 대하여 각기 수행하고 경도를 구한다.

MEMO

실험21_ **킬레이트 적정: 마그네슘의 정량**

결과 보고서

1. 실험에 사용한 미지 시료는 무엇인가?

2. 실험에 사용한 미지 시료의 부피는?

3. EBT를 가해 주었을 때의 변화를 상세하게 기록하라.

4. 적정 과정의 색 변화를 기록하라.

5. 적정에 사용한 EDTA의 부피는?

1차 : ____________________

2차 : ____________________

3차 : ____________________

6. 사용한 EDTA 용액의 농도는?

7. 금속이온이 전부 Mg^{2+}라 가정하고 농도를 구하라.

8. 암모니아 완충 용액의 역할은 무엇인가?

실험21_킬레이트 적정: 마그네슘의 정량

실험 후 고찰

❖ 오늘의 실험을 진행하면서 기대하였던 사항은 무엇인가?

❖ 실험을 진행하면서 기대와 다른 사항은 무엇인가?

❖ 실험 결과가 다른 조에 비하여 다르게 나온 이유는 무엇인가?

❖ 실험을 진행하면서 어려웠던 점은 무엇인가?

❖ 오늘의 실험 결과를 보고 다음에 같은 실험을 한다면 어떠한 점을 개선해야 하는가?

❖ 전반적인 실험 과정에 대하여 조원들끼리 토론하고, 그 사항을 기록하라.

실험 22
요오드 적정법

실험 목적

환원성이 강한 요오드를 이용하여 산화 환원 적정을 수행하고, 이를 통하여 요오드 적정법을 익힌다.

기초 이론

산화성 화합물을 요오드로 산화시킨 후 소모된 요오드의 양을 계산하는 방법을 직접 요오드 적정법이라고 한다. 요오드는 환원성이 강한 만큼 상대 화합물을 쉽게 산화시킬 수 있기에 적정에 이용할 수 있다. 요오드 적정법에서는 직접법과 간접법의 두 종류가 있다. 직접법의 경우는 요오드가 강한 환원제를 산화시킬 수 있으므로 요오드 용액으로 바로 적정할 수 있다.

$$I_2 + 2e^- \rightarrow 2I^- \qquad E_0 = 0.53 \text{ volt}$$

이와 같이 요오드를 산화제로 하여 직접 적정하는 방법을 직접 요오드 적정법(direct iodometric titration)이라 한다. 한편 강한 산화제를 산성에서 I^- 이온과 반응시키면 I_2 분자가 유리되는데, 이 유리된 요오드를 티오황산 소듐과 같은 표준 환원 용액으로 적정하여 간접적으로 시료의 양을 구하기도 한다. 이러한 방법을 간접 요오드 적정법(indirect iodometric titration)이라 한다.

$$2S_2O_3^{2-} + I_2 \rightarrow S_4O_6^{2-} + 2I^-$$

요오드 적정법에서의 반응의 종말점은 요오드 자신의 퇴색에 의해서도 알 수 있으나 불명확하므로 종말점 가까이에서 녹말 용액을 소량 가하여 진한 청색을 띠게 하여 놓고 이 요오드–녹말의 색깔이 소멸될 때를 종말점으로 하면 더욱 명료하여 좋다. 녹말이 청색으로 변하는 이러한 요오드 녹말 반응은 요오드 이온(I^-)만 있는 상태에서는 일어나지 않는다.

기구 및 시약

비커(400 mL), 10 mL, 눈금실린더(100 mL), 삼각플라스크(500 mL), 부피 플라스크(250 mL), 뷰렛(50 mL), 뷰렛집게, 피펫(25 mL), 스탠드, 유산지(weighing paper), 삼발이, 화학저울, 씻기병

0.1 M $Na_2S_2O_3$ 표준용액(500 mL), KI, $K_2Cr_2O_7$, $CuSO_4 \cdot 5H_2O$, CH_3COOH, HNO_3, conc. HCl, 1% 녹말 용액

실험 방법

1. 티오황산 소듐($Na_2S_2O_3$) 용액의 표준화

① 티오황산 소듐 용액의 농도를 결정하는 데 쓰이는 일차 표준물질로는 요오드, 중크롬산 포타슘, 요오드산 포타슘, 브롬산 포타슘 등이 있다. 이 실험에서는 중크롬산 포타슘을 사용하여 티오황산소듐 용액을 표준화(standardization)하기로 한다.

② 중크롬산 포타슘 1.0 g~2.0 g을 화학저울로 정확하게 달아서 250 mL들이 부피 플라스크에 넣고 소량의 증류수로 완전히 용해시킨 후 눈금까지 조심스럽게 증류수를 채운 다음 잘 흔들어 섞는다.

③ 그 용액 25 mL를 피펫으로 정확히 취하여 500 mL들이 삼각플라스크에 넣고 진한 염산 8 mL를 가한다.

④ 또 다시 여기에 2 g의 요오드화포타슘을 넣고 잘 흔들어 섞은 후 뚜껑을 닫고 약 5분간 방치한다.

⑤ 이 삼각플라스크에 증류수 약 200 mL를 가하여 묽힌 후 유리되어 나온 I_2를 표준화하고자 하는 0.1 M $Na_2S_2O_3$ 용액으로 조심스럽게 적정한다. 적정할 때 $Na_2S_2O_3$ 용액을 뷰렛으로부터

한 방울씩 천천히 떨어뜨려야 하며 적정 도중 삼각플라스크의 내용물은 계속 잘 흔들어 섞어 주어야 한다.

⑥ 종말점에 가까워지면 요오드 용액이 묽어져서 엷은 황색으로 되는데, 이때에 녹말용액 1~2 mL를 지시약으로 가하여 청색을 띠게 한다.

⑦ 적정을 계속하여 마지막 한 방울을 가할 때 청색이 없어지는 점이 종말점이다. 종말점에서 Cr^{3+}의 농도가 진한 Cr^{3+}이온의 녹색으로 말미암아 청색이 소멸되는것을 알아보기가 어려우므로 희석시켜주어야 한다.

⑧ 반응은 다음과 같다.

$$K_2Cr_2O_7 + 14HCl + 6KI \rightarrow 3I_2 + 2CrCl_3 + 8KCl + 7H_2O$$
$$3I_2 + 6S2O_3^{2-} \rightarrow 6I^- + 3S_4O_6^{2-}$$

반응식에서 확인할 수 있듯이 $K_2Cr_2O_7$ 1 mol은 $S_2O_3^{2-}$ 6 mol과 반응한다.

⑨ 이상의 실험을 3번 반복하여 평균값을 구하고 이 값으로부터 $Na_2S_2O_3$ 용액의 정확한 농도를 다음 식에 따라서 구하여라.

$$M = 6\left(\frac{1000Wl}{\mu LV}\right)$$

여기서 M은 $Na_2S_2O_3$ 용액의 몰 농도, W는 $K_2Cr_2O_7$의 무게(g), V는 적정에 소비된 $Na_2S_2O_3$ 용액의 부피(mL), μ 는 $K_2Cr_2O_7$의 몰 질량(134.00 g/mol), L은 Wg의 $K_2Cr_2O_7$을 증류수에 녹여서 희석시킨 용액의 전체 부피(mL), l은 실제로 적정에 사용한 $K_2Cr_2O_7$ 용액의 부피(mL)이다.

2. 요오드 적정법에 의한 $CuSO_4$의 정량

① 초산 산성에서 황산 구리(II) 용액에 요오드화 포타슘을 가하여 유리되는 요오드를 티오황산 소듐의 표준 용액으로 적정하여 정량하기로 한다. 이때 황산 구리(II)는 요오드화 포타슘을 산화시켜 요오드를 유리시키고 자신은 환원되어 요오드화 구리(I)로 된다.

$$2CuSO_4 + 4KI \rightarrow I_2 + 2CuI + 2K_2SO_4$$

$$\text{Cu의 몰 수} \equiv 2 \times (I_2\text{의 몰수})$$

$$I_2 + 2Na_2S_2O_3 \rightarrow 2NaI + Na_2S_4O_6$$

$$Na_2S_2O_3\text{의 몰수} \equiv 2 \times (I_2\text{의 몰수})$$

그러므로 $Na_2S_2O_3$ 1 mol은 Cu 1 mol과 반응하게 된다.

② 0.5 g~0.7 g 정도의 $CuSO_4 \cdot 5H_2O$를 정확히 달아서 500 mL들이 삼각플라스크에 넣고 여기에 증류수 50 mL를 가하여 녹인다. 이 용액에 초산 4 mL와 KI 3 g을 어림저울에 달아놓고 흔들어서 I_2를 유리시킨다.

③ 이 유리된 I_2를 녹말 용액을 지시약으로 하여 0.1 M $Na_2S_2O_3$ 표준 용액으로 적정하여 $CuSO_4$를 정량한다.

$CuSO_4$의 함량(%)은 다음 식으로 구한다.

$$\text{시료 중 Cu의 몰수} \equiv Na_2S_2O_3 \text{ 의 몰수}$$

$$= \left(\frac{0.10\ mol\ Na_2S_2O_2}{1L}\right)(V)\left(\frac{1\ mol\ Cu}{1\ mol\ Na_2S_2O_2}\right)$$

여기서 V는 적정에서 소비된 $Na_2S_2O_3$ 용액의 부피(mL)이다.

$$\begin{aligned}\text{시료 중 Cu의 질량} &= (\text{시료 중 Cu의 몰수}) \times (\text{Cu의 원자량}) \\ &= (\text{시료 중 Cu의 몰수}) \times (63.546\ g/mol)\end{aligned}$$

$$\%\ Cu = \frac{\text{시료 중 Cu 의질량}(g)}{\text{시료의 질량}} \times 100$$

실험22_ **요오드 적정법**

결과 보고서

1. 티오황산 소듐 용액의 표준화

1) 사용한 중크롬산 포타슘의 질량은?

2) 중크롬산 포타슘용액의 전체 부피와 농도는 얼마인가?

3) 25 mL의 중크롬산 포타슘용액에 녹인 요오드화 포타슘의 질량은?

4) 요오드화 포타슘을 녹인 후 용액의 색깔과 상태는 어떠한가? 사진과 함께 기록하라.

5) $Na_2S_2O_3$ 용액으로 적정하는 동안의 색 변화를 사진과 함께 기록하라.

6) 종말점 부근 용액이 엷은 황색을 띠었을 때 녹말 용액을 가한 후의 색 변화와 적정점에서의 색변화를 사진과 함께 기록하라.

실험22_요오드 적정법

실험 후 고찰

❖ 오늘의 실험을 진행하면서 기대하였던 사항은 무엇인가?

❖ 실험을 진행하면서 기대와 다른 사항은 무엇인가?

❖ 실험 결과가 다른 조에 비하여 다르게 나온 이유는 무엇인가?

❖ 실험을 진행하면서 어려웠던 점은 무엇인가?

❖ 오늘의 실험 결과를 보고 다음에 같은 실험을 한다면 어떠한 점을 개선해야 하는가?

❖ 전반적인 실험 과정에 대하여 조원들끼리 토론하고, 그 사항을 기록하라.

실험 23
르 샤틀리에의 원리

실험 목적

화학 평형 상태를 이해하고, 르 샤틀리에(Le Chatelier)의 원리를 이해한다.

기초 이론

평형을 이루고 있는 계(system)는 반응물과 생성물이 일정한 상태를 유지하고 있다. 이 상태는 평형상수로 설명할 수 있는데, 다음과 같은 식으로 표현한다.

다음과 같은 일반적인 화학 반응이 있다고 하자.

$$aA + bB \rightleftarrows cC + dD$$

위 반응은 정반응 속도와 역반응 속도가 같은 상태에서 반응물과 생성물은 일정한 상태를 유지하며 마치 더 이상 반응이 진행되지 않는 것으로 여겨진다. 이러한 상태에서 반응물과 생성물은 다음과 같은 평형상수 값으로 표현되는 관계를 가진다.

$$K = \frac{[C]^c[D]^d}{[A]^a[B]^b}$$

이러한 평형을 이루는 계(system)는 다음과 같은 교란을 받을 수 있으며, 르 샤틀리에의 원리는 이러한 교란을 감소시키고 다시 평형 상태로 가려는 것을 설명한다.

1. 농도에 의한 평형 이동

평형에 있는 계에서 한 물질의 농도를 증가시키면 르 샤틀리에의 원리에 의하여 평형은 첨가된 물질을 부분적으로 사용하여 이 물질의 농도를 감소시키는 방향으로 이동할 것이라고 예측할 수 있다. 어떠한 경우에도 평형상수 K는 일정하며 반응물과 생성물의 농도만 변화한다.

2. 온도에 의한 평형 이동

주어진 온도에서 평형상수 K는 일정하다. 그러나 온도가 변화되면 평형상수도 변화된다. 평형상태에 있는 반응에 온도를 높이면 온도가 내려가는 방향으로 즉 흡열되는 방향으로 반응이 진행되고 온도를 내리면 온도가 올라가는 방향으로 반응이 진행된다.

3. 압력에 의한 평형 이동

평형 상태에 있는 반응에 전체의 압력을 증가시키면, 압력을 감소시키는 방향, 즉 몰수가 감소하는 방향으로 반응이 진행된다. 역으로 압력을 감소시키면, 압력이 증가하는 방향, 즉 몰수가 증가하는 방향으로 반응이 진행된다. 단, 반응물과 생성물의 분자수가 같은 반응에서는 압력에 영향을 받지 않는다. 압력에 따라서 평형상수는 변화하지 않고 평형의 위치만 변화한다.

4. 촉매의 역할

촉매는 정과 역 양쪽의 반응 속도를 빠르게 하거나, 또는 느리게 한다. 따라서, 촉매는 평형 상태에 도달하는 시간을 단축시키는 것이 원칙이나, 평형을 이동시키지는 못한다.

pH가 변화할 수 있는 상태에서 나타나는 중크롬산 포타슘의 화학 반응은 다음과 같은 평형을 이룬다.

$$Cr_2O_7^{2-} + H_2O \rightleftarrows 2H^+ + CrO_4^{2-}$$

pH가 높은 염기성 상태에서는 용액 중의 수소 이온 농도가 낮아서 반응은 수소 이온 농도를 높여서 평형을 이루려는 정반응이 진행될 것이고, 용액의 색상은 CrO_4^{2-}에 의한 색이 나타날 것이다. 반면에 pH가 낮은 산성 상태에서는 수소 이온 농도가 높기 때문에 반응은 수소 이온 농도를 줄이려는 쪽으로 진행되어 역반응이 진행되고 용액은 CrO_4^{2-} 많을 때의 색을 나타낼 것이다.

$Pb(NO_3)_2$를 가열하면 이산화 질소가 발생하며, 이 기체는 적갈색의 기체다. 이 이산화 질소

(NO_2)는 다음과 같은 평형을 이룬다.

$$2NO_2\ (g) \rightleftarrows N_2O_4\ (g)$$

위 반응에서 평형은 온도가 높아질수록 평형이 이산화 질소 쪽으로 이동한다. 27 ℃에서는 21.24%만이 이산화 질소의 형태로 존재하나, 60 ℃에서는 약 50 %가 이산화 질소의 형태로 존재하고 100 ℃에서는 90 %, 150 ℃에서는 거의 모든 분자가 이산화 질소의 형태로 존재한다. N_2O_4는 무색의 기체이며, 두 기체 모두 독성이 있는 기체이다. 이산화 질소는 또한 높은 압력에서는 정반응이 진행되어 사산화 이질소의 형태로, 낮은 압력에서는 역반응이 진행되어 이산화 질소의 형태로 존재한다.

유의 사항

두 기체 모두 독성이 있으므로, 본 교재에서는 소량의 이산화질소만을 시험관 내부에서 발생시켜서 마개를 막고 온도에 의한 평형 이동만을 실험하도록 한다.

기구 및 시약

피펫, 시험관, 스포이드

K_2CrO_4, $K_2Cr_2O_7$, HCl, NaOH, $Pb(NO_3)_2$

실험 방법

1. 농도의 영향 실험

① 0.1 M K_2CrO_4와 0.1 M $K_2Cr_2O_7$을 시험관에 2 ml씩 취한다.

② 각각 시험관에 1 M NaOH 용액을 색 변화를 일으킬 때까지 번갈아가며 한 방울씩 넣는다.

③ 변화된 색을 기록하고 다른 색이 나타날 때까지 1 M HCl을 한 방울씩 넣으며 관찰한다.

④ 새로운 용액 2 ml 씩 취하고 1 M HCl을 색이 변할 때까지 번갈아 한 방울씩 넣는다.

⑤ 색 변화 관찰 후 다른 색이 나타날 때까지 1 M NaOH를 한 방울씩 가하며 관찰한다.

2. 온도의 영향

① $Pb(NO_3)_2$를 시험관에 넣고 가열한다.

② NO_2 발생하면 마개로 막고 찬물에 담근다.

③ 가열해 보며 관찰한다.

실험23_르 샤틀리에의 원리

결과 보고서

1. 농도의 영향

1) K_2CrO_4를 담은 시험관에 NaOH 용액을 떨구면서 일어나는 변화를 기록하고, 변화 전과 후의 모습을 사진으로 기록하라.

2) K_2CrO_4가 NaOH에 의해 색이 변화된 이후, HCl을 넣었을 때 어떠한 변화가 있는가?

3) $K_2Cr_2O_7$를 담은 시험관에 NaOH 용액을 떨구면서 일어나는 변화를 기록하고, 변화 전과 후의 모습을 사진으로 기록하라.

4) $K_2Cr_2O_7$이 NaOH에 의해 색이 변화된 이후, HCl을 넣었을 때 어떠한 변화가 있는가?

5) K_2CrO_4를 담은 시험관에 HCl 용액을 떨구면서 일어나는 변화를 기록하고, 변화 전과 후의 모습을 사진으로 기록하라.

6) K_2CrO_4가 HCl에 의해 색이 변화된 이후, NaOH를 넣었을 때 어떠한 변화가 있는가?

7) $K_2Cr_2O_7$를 담은 시험관에 HCl 용액을 떨구면서 일어나는 변화를 기록하고, 변화 전과 후의 모습을 사진으로 기록하라.

8) $K_2Cr_2O_7$이 HCl에 의해 색이 변화된 이후, NaOH를 넣었을 때 어떠한 변화가 있는가?

2. 온도에 의한 영향

1) $Pb(NO_3)_2$를 시험관에 넣고 가열하였을 때 어떠한 변화가 나타나는가?

2) 위 시험관을 마개로 막고 찬물에 담그었을 때 어떠한 변화가 나타나는가?

실험23_르 샤틀리에의 원리

실험 후 고찰

❖ 오늘의 실험을 진행하면서 기대하였던 사항은 무엇인가?

❖ 실험을 진행하면서 기대와 다른 사항은 무엇인가?

❖ 실험 결과가 다른 조에 비하여 다르게 나온 이유는 무엇인가?

❖ 실험을 진행하면서 어려웠던 점은 무엇인가?

❖ 오늘의 실험 결과를 보고 다음에 같은 실험을 한다면 어떠한 점을 개선해야 하는가?

❖ 전반적인 실험 과정에 대하여 조원들끼리 토론하고, 그 사항을 기록하라.

실험 24
pH 측정

실험 목적

pH에 대하여 이해하고, 측정 방법을 익힌다

기초 이론

pH는 용액의 산성 또는 알칼리성의 정도를 나타내는 수단으로 몰농도로 나타낸 수소 이온 농도의 역수의 상용로그 값이다.

$$pH = -\log[H^+]$$

pH를 측정하는 방법은 여러 가지가 있으나 산염기 지시약이 수소 이온 농도에 의하여 변색되는 것을 보고 pH를 결정하는 방법과 pH 미터를 이용한 전기적 측정법이 흔히 사용된다. 산성 지시약은 그 자체가 약산이므로 수용액 내에서 일 부분은 전리하여 다음과 같이 평형을 유지하고 있다.

$$HInd + H_2O \rightleftarrows H_3O^+ + Ind^-$$

HInd는 산성 지시약을 표시하며 산성의 색을 가지고 있다. Ind^-는 염기성 상태에서의 지시약이며, 염기성 색을 가지고 있다. 이들의 양적 관계는 다음 식으로 표시된다.

$$\frac{[H_3O^+][Ind^-]}{[HInd]} = K\text{HInd}$$

$$\frac{[H_3O^+]}{[HInd]} = \frac{K\text{HInd}}{[Ind^-]}$$

따라서 지시약의 색깔은 $[Ind^-]$ / [HInd] = KHInd / $[H_3O^+]$ 비로 결정되며 용액의 수소 이온 농도가 크면 대부분의 지시약은 산성형의 색깔을 나타내며 수소 이온 농도가 작으면 염기성형의 색깔로 변하게 된다. 수소 이온의 농도가 지시약의 해리상수와 같으면 산성형과 염기성형의 농도는 같아진다 산선형과 염기성형 사이에서 지시약의 분자 분포는 수소 이온 농도에 달려 있으므로 지시약이 들어 있는 용액의 색깔도 수소 이온 농도에 따라 변하며 색깔의 변화를 일으키는 pH 범위도 지시약에 따라 다르다. 그리고 변색은 갑자기 이루어지는 것이 아니고 pH의 변화에 따라 변한다. 따라서 몇 가지 지시약을 써서 색깔을 비교함으로써 대략적인 pH 값을 알아낼 수 있다.

pH 미터는 전극을 사용하는 전기적 pH 측정 장치로서 pH 전역에 걸쳐서 측정할 수 있으며 색이 있는 용액과 같이 종말점을 뚜렷하게 구별하기 어려운 때, 혹은 산화성 및 환원성의 물질이나 비수용액뿐 아니라 적정하기 곤란한 반응에도 이용할 수 있고, 개인 오차가 작으며 지시약을 쓰는 방법보다 정밀도가 높고 감도도 높다.

pH 미터에 의한 전기적 측정법은 용액 속에 담근 지시 전극과 기준 전극 사이의 전위차 측정에 의하여 pH를 결정하는 방법이다. 지시 전극의 특징은 용액의 pH의 변화에 비례하여 전위가 변한다는 점인데 이에는 수소 전극, 퀸히드론 전극, 안티몬 전극, 유리 전극 등이 있으나 일반적인 측정에는 유리 전극이 많이 쓰인다. 표준이 되는 기준 전극은 수소 전극이지만 사용하기 불편하므로 유리 전극과 같은 종류로, 같은 조성을 가진 포화 칼로멜 전극이 쓰이는데 이것은 용액의 pH에 관계없이 일정한 전극 전위를 나타내는 특징이 있다.

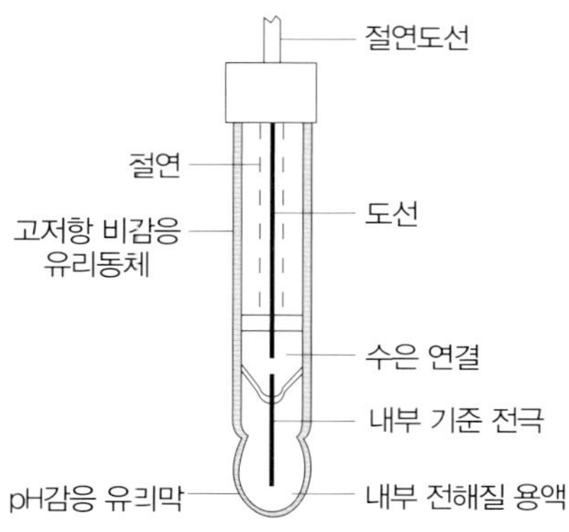

그림 24-1 유리 전극

물은 자동 이온화에 의하여 다음과 같은 물의 이온곱 상수값을 가진다.

$$K_w = [H^+][OH^-] = 1.0 \times 10^{-14}$$

여기서 중성의 물은 수소이온(= H^+)의 농도와 수산화 이온(= OH^-)의 농도가 같으므로 각각의 농도는 1.0×10^{-7}이고, 이때의 pH는 7이 된다. 수산화이온 농도와 수소이온 농도의 관계는 다음과 같다.

- pH : 수소 이온 농도 지수
- pOH : 수산화 이온 농도 지수

$$pH = -\log[H^+],\ pOH = -\log[OH^-]$$
$$pH + pOH = 14$$

산 염기의 정의

1. 아레니우스 산–염기 정의

- 산 : 산은 화학식에 H를 갖고 물에 용해될 때 H_3O^+를 낸다. (HCl, HNO_3, HCN)
- 염기 : 염기는 화학식에 OH를 갖고 물에 용해될 때 OH^-를 낸다. (NaOH, KOH, $Ba(OH)_2$)

$$\text{산의 해리 } HA(g\ or\ l) + H_2O(l) \leftrightarrow A^-(aq) + H_3O^+(aq)$$

- 센 산 : 할로젠화 수소산(HCl, HBr, HI), 산소산중 O가 H의 개수보다 2개 이상 많은 산(HNO_3, H_2SO_4, $HClO_4$)
- 약한 산 : 할로젠화 수소산(HF), 산소산중 O가 H의 개수보다 1개 많거나 없는 산(HClO, HNO_2, H_3PO_4, HCN, H_2S)
- 센 염기 : O_2^- 또는 OH^- 이온을 포함하는 수용성 화합물(1족, 2족 금속을 포함하는 수산화물)
- 약한 염기 : 암모니아(NH_3), 아민을 포함하는 염기(ex : $CH_3CH_2NH_2$, $(CH_3)_2NH$)

2. 브뢴스테드-로우리 산-염기 정의

- 산 : 양성자 주개
- 염기 : 양성자 받개 (NH_3, CO_3^{2-}, F^-, OH^-)

$$H_2PO_4^-(aq)(\text{센 산}) + NH_3(aq)(\text{센 염기}) \leftrightarrow NH_4^+(aq)(\text{약한 산}) + HPO_4^{2-}(aq)(\text{약한 염기})$$

3. 루이스 산-염기 정의

- 산 : 전자쌍 받개
- 염기 : 전자쌍 주개

$$BF^{-}_{3}(\text{산}) + :NH_3(\text{염기}) \rightleftarrows BF_3NH_3$$

$$H^+ + OH- \rightleftarrows H_2O$$

- 지시약을 이용한 pH 측정

산 · 염기 지시약의 변색 범위

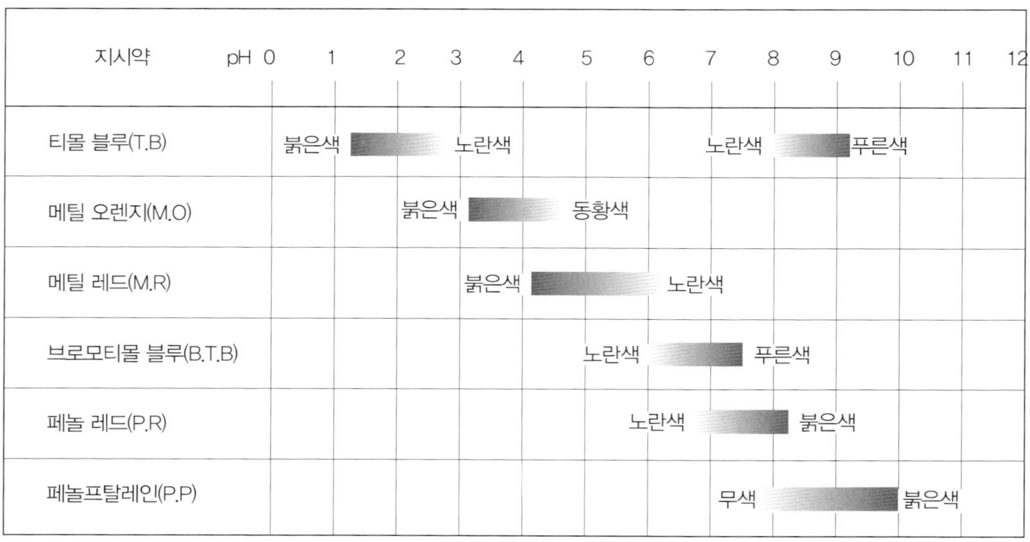

- 지시약의 종류

  산염기 지시약, 금속 지시약, 산화환원 지시약, 침전(흡착) 지시약, 형광 지시약

- 사용 시약

  티몰블루, 메틸오렌지, 메틸 레드, 브로모티몰블루, 페놀프탈레인

유의 사항

① 지시약을 떨어뜨린 후 충분히 섞어준다.

② 섞은 후 충분한 시간 동안 관찰 후 색이 변하지 않는 지점에서 멈춘다.

③ 하나의 미지 시료에 한가지의 지시약으로만 확인한다.

④ 산이 포함된 미지 시료가 담겨진 유리병은 물로 충분히 세척한다.

기구 및 시약

pH 미터, 비커, 시험관, 메스실린더

10^{-4} M, 10^{-5} M, 10^{-6} M, 10^{-7} M, 10^{-8} M HCl, 티몰 블루, 브로모페놀 블루, 메틸 레드, 브로모크레졸 퍼플, 브로모티몰 블루, 페놀 레드, 페놀프탈레인

실험 방법

1. pH에 따른 지시약의 색

① 0.1 M HCl 용액 50 mL 정도 준비한다.

② 0.1 M HCl 용액을 묽혀서 0.01 M과 0.001 M의 용액을 만든다.

③ 0.1 M HCl 용액을 7개의 시험관에 5 mL씩 넣는다. 실험 보고서에 있는 티몰블루우에서 페놀프탈 레인까지의 7가지 약을 한 방울씩 각 시험관에 가한다.

④ 나타난 용액의 색깔을 기록한다.

⑤ 이 용액을 버리고 0.01 M HCl 용액을 7개의 시험관에 5 mL씩 넣은 다음 7가지 지시약을 각각 가한다.

⑥ 이와 같이 10^{-4}~10^{-8} M의 농도에 대해서도 같은 실험을 한다.

2. 지시약에 의한 미지산 용액의 pH 결정

미지 pH 용액을 7개의 시험관에 5 mL씩 넣은 다음 7가지 지시약을 각각 가하여 지시약의 색깔을 비교하여 pH를 결정하라.

3. pH 미터의 이용

- 지시약으로 pH를 알아본 산 용액을 pH 미터로 측정해 본다.
- 현재 시판되고 었는 pH 미터는 여러 종류가 있으므로 각 장치의 지시에 따르게 되나 흔히 사용되는 유리 전극 pH 미터의 일반적인 사용법은 다음과 같다.

① 전원을 켜서 사용하기 전에 적어도 10분 이상 데워지도록 한다.

② 전극들을 씻기병에 들어 있는 탈이온수로 씻은 다음 부드러운 흡수성 종이를 가볍게 대어 건조시킨다. 이때 흡수성 종이로 전극을 문지르지 않도록 하여야 한다.

③ 기준 전극의 고무 꼭지를 벗겨 이 전극 속에 들어 있는 KCl 용액 한 방울을 흘러 내리도록 한 다음 전극 끝에 종이를 대어 닦는다.

④ 시험용액의 pH에 가까운 pH 값을 지니는 완충 용액 25 mL를 50 mL 들이 비커에 넣고, 이 완충용액을 이용하여 pH 미터의 눈금을 검정하기 위해서 우선 temperature compensator를 용액의 온도에 맞춘다.

⑤ 전극들을 표준 완충용액에 담그고 function switch를 pH라고 표시된 곳에 틀어 놓는다.

⑥ standardize control 다이알을 조절하여 지침이 완충 용액의 pH 값을 가르키도록 한다.

⑦ function 스위치를 standby 위치에 놓고 전극들을 앞서 설명한 것과 같은 방법으로 씻어 말린다.

⑧ 전극들을 시험 용액에 담근 다음 temperature compensator를 용액의 온도에 맞춘다. 가장 정확한 결과를 얻기 위해서는 시험 용액과 표준 완충용액의 온도 차이가 2~3 ℃보다 작아야 한다.

⑨ function switch를 pH 위치에 돌려 pH 미터 눈금상의 지침이 나타내는 pH 값을 읽는다.

⑩ function switch를 standby 위치로 돌려 놓은 다음 전극들을 씻어 말린다. 만약 pH 미터를 다시 사용하지 않을 경우에는 기준 전극에 고무꼭지를 끼워놓는다.

⑪ 3번 측정한 값이 ±0.1 이내의 범위에서 일치하도록 한 다음 그 값을 평균하여 미지 용액의 pH를 결정한다.

실험24_pH 측정

결과 보고서

1. pH에 따른 지시약의 색

지시약	1	2	3	4	5	6	7
Thymol blue							
Bromophenol blue							
Methyl red							
Bromocresol purple							
Bromothymol blue							
Phenol red							
Phenolphthalein							

2. 미지산 용액의 지시약에 의한 색 변화를 관찰하라.

지시약	관찰된 색깔						
Thymol blue							
Bromophenol blue							
Methyl red							
Bromocresol purple							
Bromothymol blue							
Phenol red							
Phenolphthalein							

3. 위의 데이터를 통하여 미지산 용액의 pH를 결정하라.

4. pH 미터를 이용하여 미지산 용액의 pH를 확인하라.

5. 각 지시약에 따라 변화하는 모습을 사진 자료와 함께 기록하라.

실험24_pH 측정

실험 후 고찰

❖ 오늘의 실험을 진행하면서 기대하였던 사항은 무엇인가?

❖ 실험을 진행하면서 기대와 다른 사항은 무엇인가?

❖ 실험 결과가 다른 조에 비하여 다르게 나온 이유는 무엇인가?

❖ 실험을 진행하면서 어려웠던 점은 무엇인가?

❖ 오늘의 실험 결과를 보고 다음에 같은 실험을 한다면 어떠한 점을 개선해야 하는가?

❖ 전반적인 실험 과정에 대하여 조원들끼리 토론하고, 그 사항을 기록하라.

실험 25 녹음열 측정

실험 목적

여러 가지 농도의 용액을 만들어 그 어느점을 측정함으로써 물질의 표준 녹음열을 구한다.

기초 이론

순수한 물질의 용융액을 식혀 가면 액체의 온도는 계속 내려가다가 어떤 온도에 이르면 그 물질이 고체화하기 시작한다. 이 온도는 용융액이 모두 고체화될 때까지 변하지 않는데 이 온도가 바로 주어진 물질의 어느점이다. 용융액이 모두 고체화하면 온도는 계속 내려간다. 이러한 양상을 시간−온도 도표로 나타내면 그림 25−1(a)에 보인 바와 같은 냉각곡선(cooling curve)이 얻어진다.

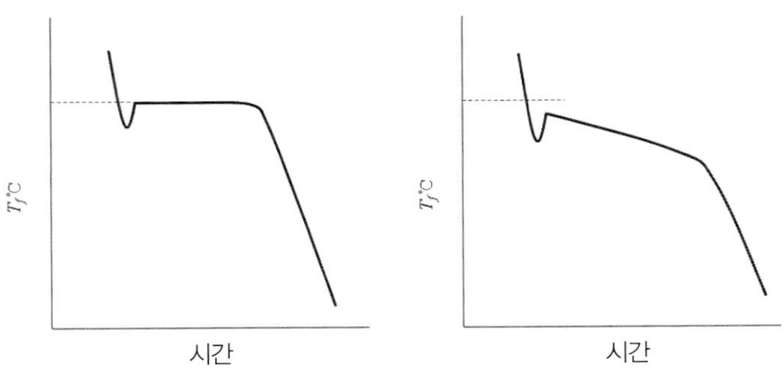

(a) 순수한 물질 (b) 혼합 용액

그림 25−1 액체들의 냉각곡선

그러나 용매에 용질을 녹여 만든 용액의 냉각곡선은 순수한 용매에 대한 그것과는 매우 다르다. 용액을 식혀가면 온도가 계속 내려가다가 어떤 온도에 다다르면 용매의 결정이 석출되기 시작하고 이때 온도는 순수한 용매의 어는점보다 낮은데 이러한 어는점 내림의 정도는 용액 중의 용질의 농도가 클수록 크다. 용매의 결정이 석출되기 시작하면 남아 있는 용액 중의 용질의 농도가 증가해가므로 어는점은 내려간다. 그러나 이때의 온도 강하 속도는 용매의 결정이 석출되기 시작하기 전의 강하 속도보다는 느리다. 따라서 냉각곡선은 용매의 결정이 석출되기 시작하는 점에서 갑자기 꺾어진 모양을 나타낼 것이다. 이러한 모양을 그림 25-1(b) 에 나타내었다. 나프탈렌의 용융액에 디페닐아민을 녹여 만든 용액에서 나프탈렌이 석출되기 시작하는 온도를 T_f라 하고 또 나프탈렌의 몰분율을 $X_{C_{10}H_8}$라 하면 다음의 관계가 성립된다.

$$\log X_{C_{10}H_8} = A - \frac{\Delta H_{fu}^{\circ}}{2.303RT_f}$$

여기서 ΔH_{fu}°는 나프탈렌의 표준 녹음열이고 R은 기체상수이며 A는 상수이다. 따라서 $X_{C_{10}H_8}$가 다른 여러 용액의 T_f를 측정하여 $1/T_f$ 에 대하여 $\log X_{C_{10}H_8}$을 도시하면 하나의 직선이 얻어질 것이고 이 직선의 기울기는 $\Delta H_{fu}^{\circ}/2.303R$와 같을 것이다. 이 기울기로부터 ΔH_{fu}°를 계산한다.

기구 및 시약

시험관, 비커(400 mL), 0.2 ℃ 간격으로 눈금이 새겨진 온도계(측정 범위, 1~100 ℃), 나프탈렌, 디페닐 아민, 솜 또는 스티로폼, 저울, 중탕기, 가열 장치

실험 방법

① 400 mL들이 비커의 안쪽 바닥에 약 1 cm 두께의 솜을 깔고 한 손으로 시험관을 잡고 솜 위에 똑바로 세운 다음 그 주위에 솜을 단단히 채워 비커에 가득 차도록 한다.

② 시험관을 가만히 빼어 내면 시험관이 세워져 있던 곳에 길쭉한 구멍이 남을 것이다. 12.5~13.0 g의 나프탈렌을 어림저울에서 달아 0.01 g까지 정확히 무게를 잰 다음 시험관에

넣는다.

③ 끓는 물이 들어 있는 물중탕(water bath) 속에 시험관을 담궈 나프탈렌을 녹인 다음 온도계의 끝이 나프탈렌의 용융액에 잠기게 하여 온도를 측정할 수 있도록 한다.

④ 용융액의 온도가 90~95 ℃쯤 되었을 때 시험관에 온도계를 담근 채로 들어내어 바깥에 묻은 물기를 재빨리 닦아 버린 다음 앞서 준비해 둔 솜구멍 속에 다시 집어 넣는다.

⑤ 이때의 시간을 0으로 잡고 온도를 0.1 ℃까지 정확히 기록하여 둔다.

⑥ 온도계를 써서 시험관 내의 용융액을 잘 저어주면서 30초 간격마다 0.1 ℃까지 정확히 온도를 기록한다. 온도의 강하 속도에 현저한 변화가 나타난 후 몇 분간 더 관측을 계속한다.

⑦ 약 16 g의 디페닐아민을 저울에서 단 다음 이것을 대략 4 g씩 4등분하여 각각의 무게를 0.01 g까지 정확하게 측정한다.

⑧ 앞서 관측이 끝난 나프탈렌이 들어 있는 시험관에 1차분의 디페닐 아민 약 4 g을 넣고 순수한 나프탈렌에 대하여 행하였던 실험을 되풀이하여 시간–온도 데이터를 기록한다.

⑨ 이 실험이 끝나면 다시 2차분의 디페닐 아민 약 4 g을 여기에 더 가하고 똑 같은 실험을 하여 시간–온도 데이터를 기록한다.

⑩ 이런 식으로 하여 4차분의 디페닐 아민까지 모두 가하여서 실험을 끝내면 시험관의 내용물을 가열하여 녹인 다음 버린다.

MEMO

실험25_녹음열 측정

결과 보고서

1. 각 용액의 조성을 기록하라

	순수한 나프탈렌	용액1	용액2	용액3	용액4
나프탈렌(g)					
나프탈렌(mol)					
디페닐아민(g)					
디페닐아민(mol)					
전체몰수(mol)					
나프탈렌의 몰분율 $X_{C_{10}H_8}$					

2. 각 용액의 시간-온도 데이터를 기록하라

시간(sec)	순수한 나프탈렌(℃)	용액1	용액2	용액3	용액4
0					
30					
60					
90					
120					
· · ·					

3. **각 경우의 어는점 T_f와 나프탈렌의 몰분율을 기록하라.**

순수한 나프탈렌(℃)	용액1	용액2	용액3	용액4
$X_{C_{10}H_8}$				
$\log X_{C_{10}H_8}$				
어는점				
$1/T_f$ (K^{-1})				

1) 위 데이터를 이용하여 $\log X_{C_{10}H_8}$ 과 $1/T_f$ 간의 관계를 보여주는 그래프를 그리고 이로부터 직선의 기울기를 구하여라.

2) 다음의 결과를 계산하여 쓰시오.

직선의 기울기 (= $-\Delta H_{fu}^{\circ}/2.303RT$)

나프탈렌의 녹음열 (= ΔH_{fu}°)

실험25_녹음열 측정

실험 후 고찰

❖ 용질을 첨가하므로 인하여 용액의 어느점이 내려가는 현상은 용액의 총괄성 중의 하나이다. 용액의 총괄성의 일반적인 정의는 무엇인가?

❖ 이 실험에서 얻은 ΔH_{fu}° 의 값을 문헌에 기재되어 있는 값과 비교하고 차이가 있다면 그러한 차이가 어떻게 하여 생기는지 논의하여 보라.

❖ 이 실험에서 용융액이 들어 있는 시험관 주위를 솜으로 둘러싸는 이유는 무엇인가?

❖ 용액의 온도를 읽어 가며 온도계를 이용하여 계속 용액을 저어 주는 이유는 무엇인가? 이때 어떠한 점에 주의하여야 하겠는가?

실험 26 양이온 제 1족 정성분석

실험 목적

양이온 정성 분석에서는 반미량 분석법에 의하여 양이온의 화학적인 성질과 그 상호간의 분리 및 확인법을 습득하고 화학반응의 기본 개념을 이해하며 화학 실험의 기초적인 모든 조작법을 익히는 데 그 목적이 있다. 아울러 1족 원소들의 기본 성질을 이해한다.

기초 이론

화학분석(chemical analysis)은 크게 나누어 정성분석(qualitative analysis)과 정량분석(quantitative analysis)으로 나눈다. 정성분석의 목적은 주어진 물질이 어떤 원소 또는 원소 무리들로 이루어져 있는가를 알아내는 것이고, 정량분석은 물질을 이루고 있는 각 성분의 양적 관계를 조사하는 것이 목적이다.

물질을 검출하고 확인하는 데에는 여러 가지 방법이 있다. 단일 물질의 시료이면 색, 끓는점, 녹는점, 비중, 용해도, 결정 모양, 경도, 점도 등의 물리적인 성질이나 불꽃 반응 등의 간단한 방법으로 확인할 수 있으나 혼합물로 된 시료이면 각 성분을 검출하기가 매우 어렵다. 그러므로 정성분석은 보통 시료를 적당한 방법으로 용액 상태로 만들어서 화학반응을 이용하여 여러 가지 방법으로 분리시켜 검출 확인한다.

취급하는 시료 성분의 함량에 따라 상량분석(0.1~1 g), 반미량분석(0.01~0.1 g), 미량분석(0.001~0.01 g) 및 초미량 분석(0.001 g 이하)으로 분류된다. 반미량분석의 특색은 비교적 적은 시약으로 짧은 시간 내에 간편하게 분석할 수 있고 신뢰성도 크므로 처음 화학분석 실험을 하는 학생에게는 적당한 방법이다. 그러므로 양이온 정성분석에서는 반미량분석법에 의하여 양이온의 화학적인 성질과 그 상호간의 분리 및 확인법을 습득하고 화학반응의 기본 개념을 이해하며 화학 실험의 기초적인 모든 조작법을 익힐 수 있다.

양이온 분족 원리

이 실험에서는 H_2S 분석법에 따라 약 20여 종의 양이온을 표 26-1에서와 같이 6개의 족으로 나누고 각 족을 다시 성분 이온별로 분리한 뒤 확인 실험을 통하여 검출한다.

표 26-1 양이온 분석표

족		분족 시약	침전물	양이온
1		HCl	염화물	Ag^+, Pb^{2+}, Hg_2^{2+}
2	구리족	HCl	황화물	Cu^{2+}, Cd^{2+}, Bi^{3+}, Pb^{2+}, Hg^{2+}
	주석족			$Sn^{2+,4+}$, $Sb^{3+,5+}$, $As^{3+,5+}$
3		NH_4OH	수산화물	$Fe^{2+,3+}$, Cr^{3+}, Al^{3+}
4		$NH_4OH + H_2S$	황화물	Mn^{2+}, Zn^{2+}, Ni^{2+}, Co^{2+}
5		$(NH_4)_2CO_3$	탄산염	Ba^{2+}, Ca^{2+}, Sr^{2+}
6		없음	없음	Mg^{2+}, K^+, Na^+, NH_4^+

1. 제 1족(Ag^+, Pb^{2+}, Hg_2^{2+})

분족 시약으로 HCl 또는 NH_4Cl을 가하여 수용액 및 묽은 산성 용액에서 난용성 염화물을 형성하게 하여 다른 이온들과 분리한다.

2. 제 2족

① 구리족(Cu^{2+}, Cd^{2+}, Bi^{2+}, Pb^{2+}, Hg^{2+})

② 주석족($Sn^{2+,4+}$, $Sb^{3+,5+}$, $As^{3+,5+}$)

분족 시약으로 H_2S를 사용하되 0.3 N HCl 산성에서 황화물 침전을 형성하게 하여 다른 이온과 분리한다. 또한 황화물의 $(NH_4)_2S_2$에 대한 용해도에 따라 녹지 않는 구리족과 녹는 주석족으로 나눈다.

3. 제 3족($Fe^{2+,3+}$, Al^{3+}, Cr^{3+})

제 3족 이온들은 물에 녹고 산성에서 H_2S로 침전되지 않으나 NH_4^+ 이온 공존 하에서 NH_4OH로 침전되어 다른 이온들과 분리한다.

4. 제 4족(Mn^{2+}, Zn^{2+}, Ni^{2+}, Co^{2+})

암모니아 알칼리성에서 H_2S로 난용성의 황화물을 형성하여 침전되므로 다른 이온과 분리한다.

5. 제 5족(Ba^{2+}, Ca^{2+}, Sr^{2+})

NH_4OH 알칼리성에서 $(NH_4)_2CO_3$로 난용성의 탄산염을 형성하게 하여 다른 이온과 분리한다.

6. 제 6족(Mg^{2+}, K^+, Na^+, NH_4^+)

여기에 속하는 양이온은 염화물, 황화물 및 탄산염의 침전이 되지 않는 이온이므로, 각각을 분리시킬 수는 없고, 특수 반응을 이용하여 검출되는 이온들이다.

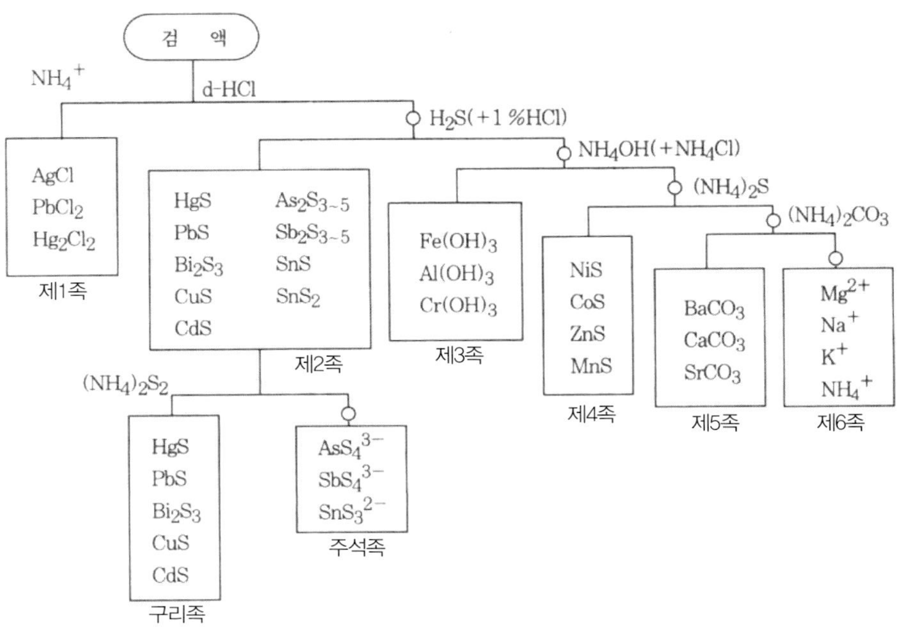

그림 26-1 양이온 분석도

양이온 제 1족 분석

분족 시약으로 HCl 또는 NH_4Cl을 가하면 양이온 제 1족(Ag^+, Pb^{2+}, Hg_2^{2+})은 모두 염화물로 침전되며 이것은 물 또는 묽은 산에 녹지 않으므로 다른 족의 양이온들과 분리할 수 있다. 이 실험에서는 1족 양이온의 특성을 각개반응을 통하여 이해한 다음 이들의 특성을 이용하여 그림 26-2와 같이 양이온 제 1족 혼합액을 서로 분리해서 특수 시약으로 확인하는 계통 분석을 한다.

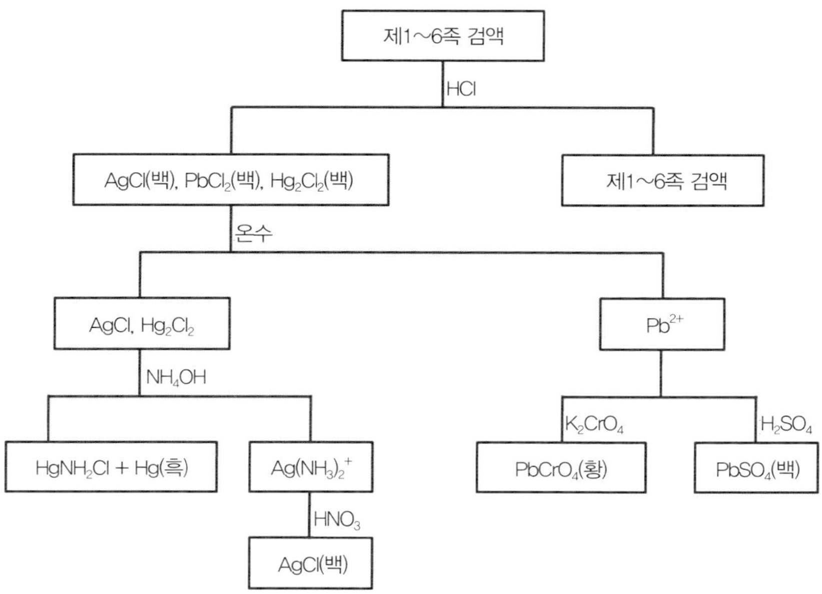

그림 26-2 양이온 제 1족 계통 분석도

기구 및 시약

원심 분리기, 시험관, 젓게, 피펫, 리트머스 시험지, 가열기, 물중탕, 시험관 집게, H_2S 기체(혹은 thioacetamide)

$AgNO_3$, $Hg_2(NO_3)_2$, $Pb(NO_3)_2$, HCl, K_2CrO_4, NH_3, HNO_3, CH_3COOH, NH_4OH

실험 방법

1. 양이온 제 1족의 각개 반응 실험

1) Ag^+의 확인

① $AgNO_3$ 연습액 1 mL에 d−HCl을 가하여 침전을 완결시키고, 원심 분리하여 생긴 침전을 5개의 시험관에 나눈 다음, 다음의 실험을 행한다.

㉠ 온수를 가하여 녹는지 본다.

㉡ c−NH_4OH 2~3방울을 가하여 녹는지 보고, 녹으면 페놀프탈레인 1방울을 가하고, 다시 d−HNO_3로 빨간색이 없어질 때까지 가하였을 때, 다시 흰색 침전이 생기는지 확인한다.

㉢ c−NH_4OH 2~3방울을 가하여 녹인 다음, d−NaOH와 HCHO 1방울씩을 가하여 가열한다.

㉣ 0.2 M KCN 2~3방울을 가하여 녹는지 본다.

㉤ c−HCl 2~3방울을 가하여 녹는지 본다.

② $AgNO_3$ 연습액 1 mL에 d−NaOH를 가하여 침전을 완결시킨 후, 원심 분리하여 생긴 침전을 3개의 시험관에 나눈 다음, 다음의 실험을 행한다.

㉠ c−NaOH를 더 가하여 녹는지 본다.

㉡ d−NH_4OH 2~3방울을 가하여 녹는지 본다.

㉢ d−HNO_3 2~3방울을 가하여 녹는지 본다.

2) Pb^{2+}의 확인

① $Pb(NO_3)_2$ 연습액 1 mL에 d−HCl을 가하여 침전을 완결시킨 후, 원심 분리하여 생긴 침전을 3개의 시험관에 나눈 다음, 다음의 실험을 행한다.

㉠ 온수를 가하여 녹는지 본다.

㉡ c−HCl 2~3방울을 가하여 녹는지 본다.

㉢ c−NH_4OH 2~3방울을 가하여 녹는지 본다.

② $Pb(NO_3)_2$ 연습액 1 mL에 0.2 M K_2CrO_4를 가하여 생긴 침전을 완결시킨 후, 원심 분리하여 생긴 침전을 3개의 시험관에 나눈 다음, 다음의 실험을 행한다.

㉠ d−$HC_2H_3O_2$ 2~3방울을 가하여 녹는지 본다.

㉡ c−HNO_3 2~3방울을 가하여 녹는지 본다.

㉢ d−NaOH 2~3방울을 가하여 녹는지 본다.

③ $Pb(NO_3)_2$ 연습액 1 mL에 d−H_2SO_4를 가하여 생긴 침전을 완결시킨 후, 원심 분리하여 생

긴 침전을 3개의 시험관에 나눈 다음, 다음을 행한다.

㉠ c-HCl 2~3방울을 가하여 녹는지 본다.

㉡ c-H_2SO_4 2~3방울을 가하여 녹는지 본다.

㉢ 3M $NH_4(C_2H_3O_2)$ 2~3방울을 가하여 녹는지 본다.

3) Hg_2^{2+}의 확인

$Hg_2(NO_3)_2$ 연습액 1 mL에 d-HCl을 가하여 생긴 침전을 완결시킨 후, 원심 분리하여 생긴 침전을 3개의 시험관에 나눈 다음, 다음을 행한다.

㉠ c-HCl 2~3방울을 가하여 녹는지 보고, 약간 가온하여 본다.

㉡ 온수를 가하고 녹는지 본다.

㉢ c-NH_4OH 1방울을 가하고 색의 변화를 관찰한다.

2. 양이온 제 1족의 계통 분석 실험

Ag^+, Pb^{2+}, Hg_2^{2+}혼합 시료 용액에 대하여 다음의 계통 분석표에 의해서 계통 분석을 하여라.

① 양이온 제 1족의 침전

제 1족 양이온 시료 용액 1 mL를 시험관에 넣고, d-HCl 2방울을 가하여 침전이 생기면, 침전이 완결될 때까지 d-HCl을 가하고 원심 분리한다. 침전이 생기지 않으면, Ag^+, Hg_2^{2+}, Pb^{2+}이 없다는 것을 의미한다. 침전은 d-HCl 5방울로 씻고, 다음에 물 3방울로 씻는다. 세척액은 상층액과 합하여 제 2족 이하의 시료 용액으로 한다.

② Pb^{2+}의 검출

침전물을 물을 이용하여 다른 이온들을 깨끗이 제거하고, 증류수 1 mL를 침전물이 들어 있는 시험관에 넣고, 이 시험관을 끓는 물 속에서 약 5분간 담그어서 가열한 후 유리막대로 잘 저어 준다. 여기서 상층액은 다른 시험관에 따라내고, 침전 물질은 보관한다. 상층액에 6 M CH_3COOH 1방울과 1 M K_2CrO_4 5방울을 가할 때 $PbCr_2O_4$(노란색)가 생기면 Pb^{2+}이 존재한다.

③ Hg_2^{2+}의 분리 및 확인

위에서 얻어진 침전물을 d-NH_4OH 10방울을 가하여 잘 흔든 다음 원심 분리하여 상층액을 다른 시험관에 보관한다. 이때 회색 또는 검은색 침전이 생기면 금속 수은이 생긴 것이므로 Hg_2^{2+}이온의 존재를 확인할 수 있다.

④ Ag^+의 검출

위에서 얻어지는 용액에 6 M HNO_3를 가하여 산성으로 만들어 리트머스 시험지로 확인한다. 용액을 산성으로 만들었을 때 흰 침전이 생기면 Ag^{+}이온이 있다는 증거가 된다.

표 26–2 양이온 제 1족 계통 분석표

<table>
<tr><td colspan="3">시료 용액 1 mL(1족부터 6족까지 계통 분석 실험을 할 때에는 1,2,3,4,5,6족의 각 이온의 혼합 연습액 40방울)를 시험관에 넣고, d–HCl 2방울을 가하여 침전이 생기면, 침전이 완결될 때까지 d–HCl을 가하고 원심 분리한다. 침전이 생기지 않으면, Ag^{+}, Hg_2^{2+}, Pb^{2+}은 없으므로, 곧 제 2족 분석으로 들어간다. 침전은 d–HCl 5방울 가하여 씻고, 다음에 물3방울로 씻는다. 세척액은 상층액과 합하여 제 2족 이하의 시료 용액으로 한다.(주 1)</td></tr>
<tr><td colspan="2">[침전 1. AgCl, $PbCl_2$, Hg_2Cl_2(전부 흰색)]
침전에 1 mL의 물을 가하여 수욕 중에서 가온한 다음, 곧 원심 분리하고 상층액의 분석을 먼저 한다.(주 2)</td><td>[상층액 1.]
제 2족 이하의 시료 용액</td></tr>
<tr><td rowspan="2">[상층액 2. Pb^{2+}]
[Pb^{2+}의 확인] 이 용액을 2등분하여, (1) 0.2 M K_2CrO_4 5방울을가할 때 $PbCr_2O_4$(노란색)가 생기면 Pb^{2+}이 존재한다. (2) d–H_2SO_4 3~4방울을 가할때 $PbSO_4$(흰색)가 생기면 Pb^{2+}이 존재한다. 만일 침전이 생기지 않으면 알코올 여러 방울을 가하여 준다.(주 3)</td><td colspan="2">[침전 1. AgCl, Hg_2Cl_2, ($PbCl_2$)]
Pb^{2+}이 존재하면 여러 번 온수로 세척하여, 세척액이 Pb^{2+}의 반응이 없을 때, 침전에 d–NH_4OH 10방울을 가하여 잘 흔든 다음 원심 분리한다. 이 조작을 두 번 되풀이하여 전후의 상층액을 합한다.(주 4)</td></tr>
<tr><td>[상층액 3. $Ag(NH3)^{2+}$]
[Ag^{+}의 검출] 페놀프탈레인 1방울을 가하고 빨간색이 없어질 때까지 d–HNO_3를 1방울씩 흔들면서 가할 때, AgCl(흰색)가 생기면 Ag^{+}이 존재한다.</td><td>[침전 2. $Hg(NH_2)Cl$ + Hg(검은색)]
[Hg_2^{2+}의 검출] NaOCl 5방울과 d–HCl 2방울을 가하여 침전을 녹이고 원심 분리한다. 상층액에 물 10방울을 가하고 식힌 다음 $SnCl_2$ 1~2방울을 가할 때 검은색 침전이 생기면 Hg_2^{2+}이 존재한다.</td></tr>
</table>

주 1. ① 1족의 분족은 $PbCl_2$가 물(특히 온수)에 잘 녹는 것과 AgCl이 NH_4OH에 complex ion을 형성하여 녹는 성질을 이용한다.

② 여기서 한 방울은 약 0.05 mL를 표준으로 한다.

③ 침전이 완결되었는가는 그 상층액에 d–HCl 1방울을 가하여 침전이 생기는 가를 보게 된다. 만일 침전이 생기면 계속 d–HCl을 가하여 생성된 침전은 침전 1에 합하고, 상층액은 상층액 1에 합한다.

④ d–HCl로 씻으면 Bi, Sb의 염이 가수분해하여, BiOCl, SbOCl로 침전되어 침전 1에 혼입되는 것이 방지된다.

주 2. AgCl, Hg_2Cl_2는 물이나 온수에는 거의 녹지 않으나, $PbCl_2$는 온수에 잘 녹는다.

주 3. Pb^{2+}의 존재를 확인한다.

$Pb^{2+} + CrO4^{2-} \rightarrow PbCrO_4$

$Pb^{2+} + SO_4^{2-} \rightarrow PbSO_4$

Cl^{-}에 의해 염화물로 침전되고, 그 침전이 온수에 녹는 이온은 Pb^{2+}뿐이다.

주 4. ① 침전 1에 $PbCl_2$가 남아 있으면 다음 반응에 방해가 되므로 완전히 제거해야 한다.

② AgCl은 NH_4OH와 반응하여 암모니아 착이온이 되어 녹고, Hg_2Cl_2는 흑색으로 변한다.

$AgCl + 2NH_4OH \rightarrow Ag(NH_3)_2^{+} + 2H_2O^{-}$

MEMO

실험26_양이온 제 1족 정성분석

결과 보고서

1. 양이온 제 1족의 각개 반응 실험에서

1) ①~③의 결과를 화학 반응식으로 나타내고, 생성물의 색깔을 기록하라.

① Ag^{+}의 확인

② Pb^{+}의 확인

③ Hg_2^{2+}의 확인

2) 1)의 ㉢에서 일어나는 반응을 무슨 반응이라고 하는가?

2. 양이온 제 1족의 계통분석 실험에서

1) 침전을 d-HCl로 씻는 이유는 무엇인가?

2) 표 26-2에서

① 페놀프탈레인을 가하는 이유는 무엇인가?

② 페놀프탈레인을 가하고 6 M HNO_3를 떨어뜨렸을 때 붉은색이 남아 있으면 이 반응은 어떻게 되는가? 그 까닭은?

실험26_양이온 제 1족 정성분석

실험 후 고찰

❖ 오늘의 실험을 진행하면서 기대하였던 사항은 무엇인가?

❖ 실험을 진행하면서 기대와 다른 사항은 무엇인가?

❖ 실험 결과가 다른 조에 비하여 다르게 나온 이유는 무엇인가?

❖ 실험을 진행하면서 어려웠던 점은 무엇인가?

❖ 오늘의 실험 결과를 보고 다음에 같은 실험을 한다면 어떠한 점을 개선해야 하는가?

❖ 전반적인 실험 과정에 대하여 조원들끼리 토론하고, 그 사항을 기록하라.

실험 27 양이온 제 3족 정성분석

실험 목적

제 3족에 속하는 원소들을 중심으로 정성분석을 통하여 그들의 기본 성질을 이해하고, 정성분석의 기본 지식을 습득한다

기초 이론

Fe^{2+}, Fe^{3+}, Al^{3+}, Cr^{3+} 등의 제 3족 이온의 염화물은 물에 녹고 산성에서 H_2S로 침전되지 않으나 공통 이온의 영향을 받지 않으므로 NH_4^+ 공존 하에서 NH_4OH로 침전되어 제 4족 이하의 이온들과 분리된다. 먼저 각개 반응을 통하여 이들의 특성을 이해하고 이 지식으로 혼합물을 계통 분석하면 그림 27-1과 같이 분리되고 각 이온이 검출된다.

1. 양이온 제 3족의 각개 반응 실험

1) Fe^{2+}, Fe^{3+}의 확인

① $Fe(NO_3)_2$ 연습액 1 mL를 2개의 시험관에 취하여, 한 시험관에는 0.2 M $K_3Fe(CN)_6$을, 다른 시험관에는 0.2 M $K_4Fe(CN)_6$을 2~3방울을 가하여 서로 비교해 본다.

② $Fe(NO_3)_2$ 연습액 1 mL에 NH_4SCN을 가하여 본다.

③ $Fe(NO_3)_2$ 연습액 1 mL를 2개의 시험관에 각각 나누어 넣고, 하나에는 3 M NH_4OH 2방울을, 다른 하나에는 3 M NH_4Cl과 3 M NH_4OH를 각각 2방울씩 가하고, 서로 비교해 본다. 그 이후, 침전을 각각 원심 분리하여 씻은 다음, 다음의 실험을 행한다.

㉠ 6 M NaOH를 1방울씩 가하여 녹는지 본다.

㉡ 3 M HCl을 1방울씩 가하여 녹는지 본다.

2) Al^{2+}의 확인

① $Al(NO_3)_3$ 연습액 5방울을 2개의 시험관에 각각 넣고, 하나에는 3 M NH_4OH 2방울을, 다른 하나에는 0.2 M NH_4Cl과 3 M NH_4OH 2방울을 가해 본다. 생성된 침전을 원심 분리하여 씻은 다음, 다음의 실험을 행한다.

㉠ 6 M NaOH 1방울을 가하여 녹는지 본다.

㉡ 6 M HCl 1방울을 가하여 녹는지 본다.

② $Al(NO_3)_3$ 연습액 1 mL에, 3 M NH_4Cl, 3 M NH_4OH 및 0.1 % aluminone 2~3방울씩을 가하여 흔들고, 생긴 침전의 색을 관찰한다. 이 침전을 $Al(OH)_3$ 침전과 비교해 본다.

3) Cr^{3+}의 확인

① $Cr(NO_3)_3$ 연습액 1 mL씩을 3개의 시험관에 각각 넣고, 하나에는 3 M NH_4OH 2방울을, 다른 둘에는 3 M NH_4Cl과 3 M NH_4OH를 각각 2방울씩 가한다. 생성된 침전을 원심 분리하여 씻은 다음, 다음의 실험을 행한다.

㉠ 6 M NaOH를 과량 가하여 보고, 만일 녹으면 이 용액을 가열하여 본다.

㉡ 6 M NH_4OH를 과량 가하여 녹는지 본다.

㉢ 3 M HCl 1방울씩 가하여 녹는지 본다.

② $Cr(NO_3)_3$ 연습액 1 mL를 시험관에 넣고, 6 M NaOH 1방울과 3 % H_2O_2 2방울을 가하고 가열하여 본다. 색을 관찰하고 식힌 다음 Pb^{2+} 2~3방울을 가하여 본다.

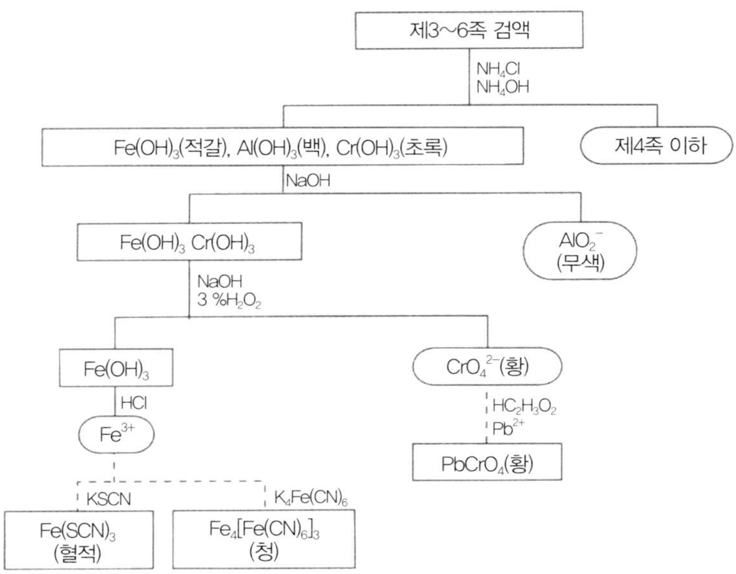

그림 27-1 양이온 제 3족 계통 분석도

2. 양이온 제 3족의 계통 분석

표 27-1 양이온 제 3족 계통 분석표

<table>
<tr><td colspan="4">**[표 C-1의 3~6족 검액. Al^{3+}, Cr^{3+}, Fe^{3+}, Ni^{2+}, Co^{2+}, Mn^{2+}, Zn^{2+}]** 상층액을 가열하여 H_2S를 완전히 제거하고(아세트산 납 검사지로 검사), S의 백탁이 생기면 원심 분리하여 제거하고, 상층액에 NH_4Cl 15방울을 가하고, c-NH_4OH 로 알칼리성이 되게 한 다음, 잠시 가열하여(이때 침전이 생기지 않으면 Al^{3+}, Cr^{3+}, Fe^{3+}은 없다.) H_2S를 포화시킨다. 침전이 완결되면 끓을 때까지 다시 가열하고, 때때로 흔들어 주면서 잠시동안 방치한 뒤 원심 분리한다. 침전은 $(NH_4)_2S$ 2~3방울로 2번 씻고 세척액은 버린다. 상층액은 제 4족의 시료 용액으로 한다. 만일 제 2족 분석표에서 As의 반응이 있었으면, 먼저 다음 방법으로 As^{5+}을 제거하여야 한다.</td></tr>
<tr><td colspan="4">**[산 염의 제거법]** 상층액 4를 작은 증발 접시에 옮기고, 통풍실에서 약 1.5 mL가 되도록 증발 농축하고 c-HCl 1 mL를 가하여 끓이고, 뜨거울 때 H_2S를 5분 동안 포화시킨 다음, 물 2.5 mL로 묽게 하고, 또다시 잠시 동안 끓인다. 이때 황색 침전(비산염)이 생기면 원심 분리한다. 침전을 물 5방울로 씻고, 세척액은 상층액과 합하여, 통풍실에서 또 다시 증발 농축하여, 약 5~6방울이 되게 하고 물 5 mL를 가하고 상층액 4에 조작한다.(주 1)</td></tr>
<tr><td colspan="3">**[침전 1. $Al(OH)_3$(백색), $Cr(OH)_3$(녹색), FeS(흑색), NiS(흑색), MnS(담갈색), ZnS(흑색), [PO_4^{3-}의 존재에서 Ba, Sr, Ca, Mg의 인산액]** 침전을 H_2S로 포화시킨 HAc 약 5~6방울을 넣고, 약 1~2분 동안 수욕 중에서 흔들어 주면서 가열한 다음, 원심 분리하고, 물 3 방울씩으로 2번 세척한다.(주 2)</td><td rowspan="3">**[상층액 1.]**
제 4족의 시료용액</td></tr>
<tr><td rowspan="2">**[침전 2. NiS, CoS, ZnS, (FeS)]** d-HNO_3 약 3방울과 끓여서 H_2S를 제거한 후 원심분리하고 상층액을 NaOH로 일단 중화한 다음, NaOH 약 3방울을 잘 흔들면서 가하고 원심 분리하여 물로 세척한다.(주 3) (침전 3과 상층액3에)</td><td colspan="2">**[상층액 2. Mn^{2+}, Fe^{2+}, Cr^{3+}, Al^{3+} (PO_4^{3-}, Ba^{2+}, Sr^{2+}, Ca^{2+}, Mg^{2+})]** 가열하여 H_2S를 제거한 후에 NaOH로 중화하고, 또 NaOH 약 5방울 및 Na_2CO_3 약 2방울을 가하여, 가열하면서 Br_2수 한 방울씩을 액이 젖은 푸른 리트머스 종이를 변색시키게 될 때까지 가하여 준 다음, 수분 동안 가열하고 원심 분리하여 침전을 물 3방울씩으로 2번 세척한다.(Br_2수 대신 H_2O_2도 사용할 수 있다.)(주 4)</td></tr>
<tr><td>**[침전 4. $MnO(OH)_2$(흑색), $Fe(OH)_3$(적색)(Ba, Sr, Ca, Mg의 산염 및 탄산염)]** d-HNO_3 약 3방울과 흔들어 준 다음 원심 분리하고, 물로 씻는다.(주 5)(침전 5와 상층액 5에)</td><td>**[상층액 4. AlO_3^{3-},CrO_4^{2-}]** d-HNO_3로 일단 산성으로 한 다음, c-NH_4OH로 알칼리성으로 변화시키고 원심 분리하여 침전을 물로 씻는다.(침전 6과 상층액 6에)</td></tr>
</table>

[침전 3. $Mi(OH)_2$(녹색), $Co(OH)_2$(청색), $Fe(OH)_3$(적갈색)] d-HCl 약 5방울을 가하여 녹이고 c-NH_4OH로 알칼리성으로 한 다음 $Fe(OH)_3$가 생성되면 원심 분리하고, 그 상층액을 2등분하여 다음 조작을 한다.(주 6) **[Ni^{2+}의 확인]** 상층액 1방울을 시계접시, 백색판 또는 여지 상에 취하고 dimethylglyoxime 1방울을 가하였을 홍색 침전 또는 홍색을 나타내면, Ni^{2+}이 존재한다. **[Co^{2+}의 확인]** 상층액 1방울을 백색판에 취하고 HAc 1방울 및 NH_4SCN 1방울, 아세톤 3방울을 가할 때 청색을 나타내면, Co^{2+}이 존재한다.	**[상층액 3. ZnO_2^{2-}]** HAc로 산성으로 한 상층액에 대하여 다음과 같이 조작한다. (1) 2방울의 상층액에 H_2S를 통하거나, 또는 알칼리성으로 한 다음에 Na_2S를 가하여 가열할 때 백색 침전 ZnS를 생성하면 Zn^{2+}이 존재한다. (2) 상층액 5방울에 $(NH_4)_2Hg(SCN)_4$ 3방울을 가하고, 시험관을 긁어줄 때 백색 침전 $ZnHg(SCN)_4$가 생기면 Zn^{2+}이 존재한다.(주 7)
[침전 5. $MnO(OH)_2$(흑갈색)] (1)침전의 소량을 작은 시험관에 취하고, c-HNO_3 3방울 및 $PbO_2(s)$ 소량을 가하여 거의 끓을 때까지 가열한 다음, 원심 분리할 때 상층액이 자색을 나타내면 Mn^{2+}이 존재한다. (2)침전의 일부에 HAc 1방울 및 $(NH_4)_2C_2O_4$ 2~3방울을 가하였을 때 자색을 나타내면 Mn^{2+}이 존재한다. 만일 변색하지 않을 때는 KNO_3를 떨어뜨려 적색을 나타내는가를 검사한다.(주 8)	**[상층액 5. Fe^{3+}(PO_4^{3-}, Ba^{2+}, Sr^{2+}, Ca^{2+}, Mg^{2+})]** 상층액에 물 10방울을 가하고 다음과 같이 조작한다. **[Fe^{3+}의 확인]** (1) 상층액 1방울에 NH_4SCN를 가하면 혈적색을 나타낸다. (2) 상층액 1방울에 $K_4Fe(CN)_6$를 가하면 청색을 나타낸다. **[PO_4^{3-}의 검출]** 상층액 15의 1방울을 소형 시험관에 넣고, $(NH_4)_2MoO_4$ 1방울을 가하여 50~60 ℃로 가열할 때 황색 침전이 생기면 PO_4^{3-}이 존재한다. PO_4^{3-}이 존재할 때에는 여기서 남은 액을 제 5족 시료에 합쳐준다.
[침전 6. $Al(OH)_3$(백색)또는(갈색)] 침전을 2등분하여 다음과 같이 조작한다. (1) 일부를 석면 상에 놓고 $Co(NO_3)_2$ 1방울을 가하여 Pt선으로 말아서, 수 초 동안 작열할 때 청색이 나타나면, Al^{3+}이 존재한다. (2) 다른 일부에 d-HCl 2방울을 가하여 녹이고, alizarin S 2~3방울을 가한 다음 먼저 c-NH_4OH로 알칼리성으로 한 다음, HAc로 산성으로 하고 원심 분리하여 물로 씻을 때 적색 침전이 남으면 Al^{3+}이 존재한다.	**[상층액 6. CrO_4^{2-}(황색)]** 필요에 따라 농축한 후 다음과 같이 조작한다. (1) HAc로 주의하여 약산성으로 하고, $PbAc_2$를 가하면 황색 침전 $PbCrO_4$가 생성된다. (2) 위의 황색 침전을 소형 시험관에 넣고, c-HNO_3 1방울을 가하고 에테르 여러 방울 및 H_2O_2 여러 방울을 가한 다음 흔들어 줄 때, 에테르 층이 청색을 나타내면 Cr^{3+}이 존재한다.

주 1. ① NH_4OH 및 H_2S를 가하여 Al, Cr은 수산화물로 나머지는 황화물로 침전시킨다.

② 가열하여 H_2S를 내보내는 것은, 다음에 가하는 NH_4OH로서 생기는 수산화물의 침전의 유무와 침전이 생긴다면 그 색을 보기 위함이지 꼭 필요한 조작은 아니다.

③ NH_4OH를 가하고 끓여도 침전이 생기지 않으면, Al, Fe, Cr은 없는 것이므로 이에 대한 조작은 생략하여도 좋다.

④ NH_4Cl을 가하는 것은 NH_4OH와 공통 이온의 영향으로, $[OH^-]$를 적게 하여 제 4족 이온인 Mg^{2+}이 $Mg(OH)_2$로 침전하는 것을 방지하기 위함이다.

⑤ NH_4OH 알칼리성에서 H_2S를 통하면, Fe, Ni, Co, Mn, Zn은 황화물로 침전한다.

⑥ 시료 용액 중에 PO_4^{3-}이 존재하면, NH_4OH 알칼리성으로 할 때, Ba, Sr, Ca, Mg는 각각 인산염으로 침전하게 되며 주석산, 구연산 등의 유기물이 있으면 Al, Cr, Fe는 이들과 안정한 착염이 되어, NH_4OH에 의하여 수산화물의 침전이 생기지 않으므로, 시료 용액 조제 시에 미리 유기산을 제거해야 하며, PO_4^{3-}은 그 유무를 확인하고, 제 4족 첫머리에서 이를 제거해야 한다.

⑦ As^{5+}이 존재하였다면 이것은 0.3 N HCl 산성에서서는 H_2S에 의하여 천천히 불완전하게 침전하므로, 제 2족으로 완전 분리되지 않고, 상층액 4에 남아 있게 된다. As^{5+}이 있으면 제 3족과 같이 알칼리 토금속이 비산염이 되어 침전하므로 As^{5+}를 제거해야 한다. As^{5+}은 고온과 강산성에서는 H_2S에 의하여 잘 침전하므로, 이 성질을 이용한다.

주 2. NiS, CoS, ZnS는 HAc에 극히 미량 용해하지만, H_2S로 포화된 HAc에는 거의 녹지 않는다. 그래서 FeS의 대부분과 MnS, $Cr(OH)_3$, $Al(OH)_3$는 HAc에 잘 녹는다.

주 3. ① 침전 2는 NiS, CoS, ZnS와 소량의 FeS로서 되어 있다. FeS의 대부분은 상층액 2에 녹아 있다.

② HNO_3를 가하여 가열하면 황화물은 분해되어 질산염이 된다. 다음에 NaOH를 가하면, Ni, Co, Fe는 수산화물로 침전하나, Zn은 Na_2ZnO_2로 되어 용해한다. 그러므로 Zn을 분리할 수 있다.

$ZnS + HNO_3 \rightarrow Zn(NO_3)_2 + H_2S$

$Zn(NO_3)_2 + NaOH \rightarrow Zn(OH)_2 + NaNO_3$

$Zn(OH)_2 + NaOH \rightarrow Na_2ZnO_2 + H_2O$

③ Fe^{2+}은 $NaNO_3$로 산화되어 Fe^{3+}으로 된다.

④ Co^{2+}에 대한 NaOH의 작용은 좀 복잡하다. 처음에 $Co(OH)NO_3$와 $Co(OH)_2$의 혼합물인 청색 침전이된다.

$Co(NO_3)_2 + NaOH \rightarrow Co(OH)_2 + NaNO_3$

$Co(NO_3)_2 + NaOH \rightarrow Co(OH)NO_3 + NaNO_3$

다음에 이것이 $Co(OH)_2$로 되어 적색으로 변한다. 이 $Co(OH)_2$가 공기 중의 산소에 의하여 천천히 산화되어 갈색의 $Co(OH)_3$로 된다.

$Co(OH)_2 + O + H_2O \rightarrow Co(OH)_3$

주 4. ① NaOH로 중화하고 과량의 NaOH를 가하면 Al, Cr의 양성 물질은 Na_3AlO_3 및 Na_3CrO_3로 되어 용해하고, Mn^{2+}, Fe^{2+}은 수산화물로 침전한다.

② Na_2CO_3는 Ba^{2+}, Sr^{2+}, Ca^{2+}, Mg^{2+}들은 탄산염으로 침전시킨다. 이때 PO_4^{3-}이 공존하면 NaOH 알칼리성에서 Ba^{2+}, Sr^{2+}, Ca^{2+}, Mg^{2+}은 대부분 인산염으로 존재한다. 결국 이들은 인산염 또는 탄산염이되어 완전히 침전 12에 남는다.

③ NaOH 알칼리성에서 Br2를 작용시키면 각 이온은 다음과 같이 산화된다.

$Fe(OH)_3 + Br_2 + NaOH \rightarrow Fe(OH)_3 + NaBr$

$Cr(OH)_3 + Br_2 + NaOH \rightarrow Na_2CrO_4 + NaBr + H_2O$

$Mn(OH)_2 + Br_2 + NaOH \rightarrow MnO(OH)_2 + NaBr + H_2O$

④ Br_2의 산화작용은 고온에서 잘 진행되므로 가열하는 것이며, 산화작용이 완전히 이루어진 것은 리트머스종이가 탈색되는 것으로 알 수 있다.

⑤ Br_2를 너무 많이 가하면 용액이 산성으로 되어 HBr이 생긴다.

$H_2O + Br_2 \rightarrow HBr + HBrO$

$HBrO \rightarrow HBr + O$

HBr은 CrO_4^{2-}을 환원하므로 용액이 알칼리성을 유지하도록 해야 한다.

주 5. ① $MnO(OH)_2$는 HNO_3에 녹지 않으나, $Fe(OH)_3$는 HNO_3에 녹는다.

② $MnO(OH)_2$는 HCl과 가열하면 녹으므로 HCl로 대용할 수 없다.

주 6. ① HCl을 가하면 수산화물의 침전은 염화물이 되어 녹는다. 여기에 NH_4OH를 가하면 Fe^{3+}은 수산화물이 되어 침전하지만, Ni^{2+} 및 Co^{2+}은 암모니아착염이 되어 녹아 있다.

$NiCl_2 + NH_4OH \rightarrow Ni(NH_3)_6{}^{2+}$

$CoCl_2 + NH_4OH \rightarrow Co(NH_3)_3{}^{2+}$

$Co(NH_3)_3{}^{2+}$은 공기 중에서 산화되어 $Co(NH_3)_6{}^{2+}$으로 된다.

② Fe^{3+}은 Co 및 Ni의 반응에 방해가 되므로 제거해야 한다.

③ Ni^{2+}는 NH_4OH 알칼리성에서 dimethyl glyoxime과 반응하여 적생의 침전이 생긴다. Co도 이 시약과 반응하여 황색 또는 황갈색이 되지만 침전물을 만들지 않으므로 Co도 이 시약과 반응하여 황색 또는 황갈색이 되지만 침전물을 만들지 않으므로 Co및 Ni가 공존할 때라도 Ni^{2+}를 확인할 수 있다.

④ Co^{2+}의 중성 또는 약산성액에 c-SCN^-을 가하면 청색이 되고, d-SCN^-을 가하면 홍색이 된다. 이 홍색 용액에 아세톤과 같은 유기용매를 가하면 진한 청색을 나타낸다. 이 반응은 극히 예민한 것이다.

Ni^{2+}이 있어 용액이 청색으로 되어 있으면, 물을 가하여 청색을 아주 엷게 하여야 한다.

주 7. ① Zn^{2+}은 알칼리성, 중성 또는 HAc산성에서 H_2S와 반응하여 ZnS를 생성한다.

② Zn^{2+}은 중성 또는 약산성에서 $(NH_4)_2Hg(SCN)_4$와 반응하여 백색 침천이 생긴다.

$Zn^{2+} + Hg(SCN)_4{}^{2-} \rightarrow ZnHg(SCN)_4$

주 8. ① $MnO(OH)_2$는 PbO_2 및 HNO_3와 가열하면 MnO_4^-까지 산화되어 적자색이 된다.

$MnO(OH)_2 + PbO_2 + HNO_3 \rightarrow HMnO_4 + Pb(NO_3)_2 + H_2O$

② $MnO(OH)_2$는 수산 또는 HAc산성에서 $(NH_4)_2C_2O_4$에 의해 용해되어 적색의 착염이 된다.

$MnO(OH)_2 + (NH_4)_2C_2O_4 + HAc \rightarrow (NH_4)_3Mn(C_2O_4)_3 + CO_2 + H_2O + NH_4Ac$

실험27_ 양이온 제 3족 정성분석

결과 보고서

1. 양이온 제 3족의 각개 반응 실험에서 1)~3)의 결과를 화학반응식으로 나타내고 생성물의 색깔을 기록하라.

2. 양이온 제 3족의 계통분석 실험에서

1) 표 27-1에서

① 아세트산 납[$Pb(C_2H_3O_2)_2$] 검사지로 H_2S를 검사할 때의 화학반응식을 기록하라.

② NH_4Cl 용액을 가하는 목적은 무엇인가?

③ 생성된 침전을 NH_4Cl을 포함한 물로 씻는 까닭은 무엇인가?

2) 표 27-1에서 H_2O_2는 어떤 역할을 하는가? H_2O_2 대신 Br_2수로 씻을 때의 반응을 화학반응식으로 나타내어라.

3. 공통 이온 효과는 무엇이며, 이 사실을 제 3족 계통 분석 실험에서 어떻게 알 수 있는가?

4. 제 3족 이온 중 양쪽성인 것은 어느 것인가?

실험27_ **양이온 제 3족 정성분석**

실험 후 고찰

❖ 오늘의 실험을 진행하면서 기대하였던 사항은 무엇인가?

❖ 실험을 진행하면서 기대와 다른 사항은 무엇인가?

❖ 실험 결과가 다른 조에 비하여 다르게 나온 이유는 무엇인가?

❖ 실험을 진행하면서 어려웠던 점은 무엇인가?

❖ 오늘의 실험 결과를 보고 다음에 같은 실험을 한다면 어떠한 점을 개선해야 하는가?

❖ 전반적인 실험 과정에 대하여 조원들끼리 토론하고, 그 사항을 기록하라.

실험 28 양이온 제 5족 정성분석

실험 목적

제 5족에 속하는 원소들을 중심으로 정성분석을 통하여 그들의 기본 성질을 이해하고, 정성분석의 기본 지식을 습득한다.

기초 이론

제 5족에 속하는 Ba^{2+}, Ca^{2+} 및 Sr^{2+} 이온은 알칼리성에서 탄산염으로 침전이 되어 제 6족과 분리된다. 이들은 다시 아세트산에 녹고 액성의 차이로 Ba^{2+}은 크롬산으로 분리되며, Ca^{2+}은 $K_4Fe(CN)_6$와 NH_4Cl로 난용성 염이 형성되어 Sr^{2+}와 분리된다. 특히 제 5족의 세 가지 이온은 불꽃 반응의 보조 실험으로 확인할 수 있다. 각 이온의 각개 반응을 조사하고 그림 28-1의 계통 분석의 개요와 표 28-1에 나타낸 계통 분석법으로 제 5족의 분석을 실시한다.

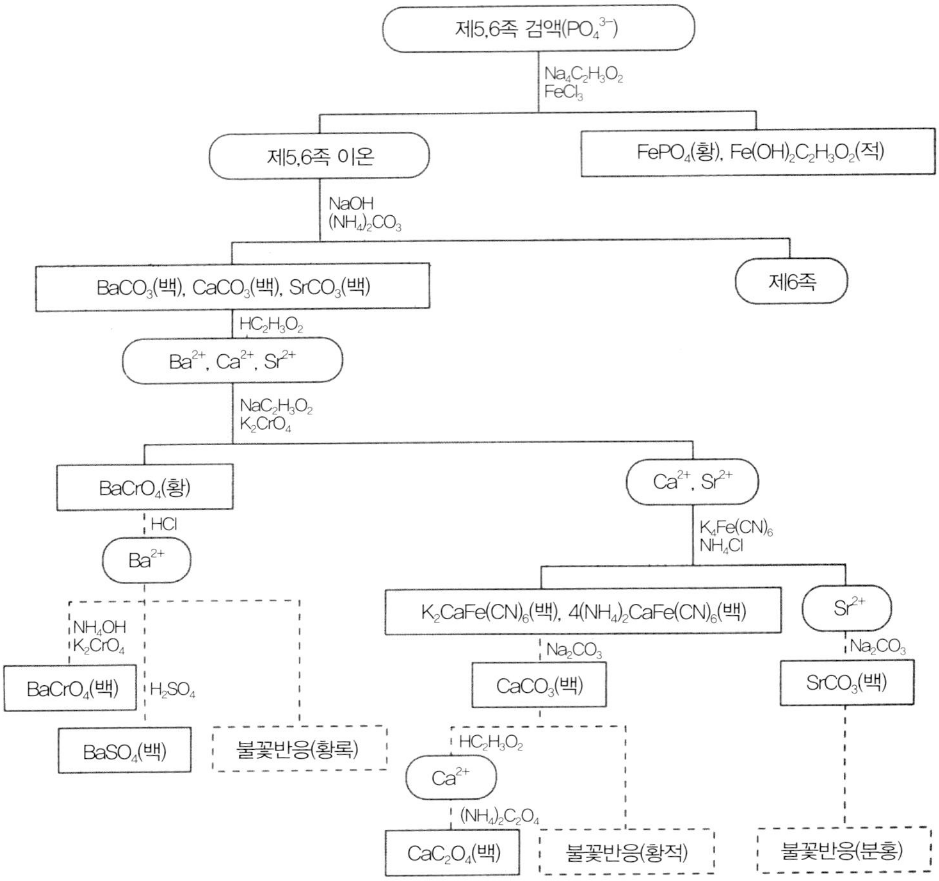

그림 28-1 양이온 제 5족 계통 분석도

1. 양이온 제 5족의 각개 반응 실험

1) Ba^{2+}의 확인

① $Ba(NO_3)_2$ 연습액 1 mL를 2개의 시험관에 각각 취하고, 1 M H_2SO_4를 가하여 생긴 침전을 완결시켜, 원심 분리한 다음 물로 씻은 뒤에

㉠ c-NaOH를 가하여 녹는지 본다.

㉡ c-HCl을 가하여 녹는지 본다.

② $Ba(NO_3)_2$ 연습액 1 mL를 2개의 시험관에 취하고, 1 M $(NH_4)_2CO_3$를 가하여 생긴 침전을 완결시켜, 원심 분리한 다음에

㉠ 3 M HCl을 가하여 녹는지 본다.

㉡ 6 M $HC_2H_3O_2$를 가하여 침전이 녹는지 보아라. 녹으면 다시 0.2 M K_2CrO_4를 가해 본다.

③ 연습액 소량을 백금선 막대에 찍어서 불꽃반응을 해 본다.

2) Ca^{2+}의 확인

① $Ca(NO_3)_2$ 연습액 1 mL를 2개의 시험관에 취하고, 3 M $(NH_4)_2CO_3$을 각각 가하여 침전을 완결시키고 원심 분리한 다음에

㉠ 3 M HCl을 가하여 녹는지 본다.

㉡ 6 M $HC_2H_3O_2$ 3～4방울을 가하여 침전이 녹는지 본다. 녹으면 3 M $NaC_2H_3O_2$를 소량 가하고, 0.2 M K_2CrO_4를 가하여 침전이 생기는지 본다.

② $Ca(NO_3)_2$ 연습액 1 mL에 3 M NH_4Cl 3방울과 0.2 M $K_4Fe(CN)_6$ 3방울을 가하여 본다.

③ 연습액 소량을 백금선 막대에 찍어서 불꽃 반응을 해 본다.

3) Sr^{2+}의 확인

① $Sr(NO_3)_2$ 연습액 1 mL에 3 M $(NH_4)_2CO_3$ 2방울을 가하여 생긴 침전을, 원심 분리하여 씻은 다음, 6 M $HC_2H_3O_2$를 가하여 녹여 보고, 여기에 0.2 M K_2CrO_4을 1방울씩 가하여 침전이 생기는지 본다.

② $Sr(NO_3)_2$ 연습액 소량을 백금선 막대에 찍어서 불꽃 반응을 하여 색깔을 관찰한다.

2. 양이온 제 5족의 계통분석

표 28-1 양이온 제 5족의 계통 분석표

<table>
<tr><td colspan="4">PO_4^{3-}이 존재하면 먼저 다음 방법으로 제거한다.
[PO_4^{3-}의 제거법] 위의 상층액에 HNO_3을 가하여 산성으로 하고, 증발시켜, 약 1 mL가 되도록 농축한 다음, S, NiS를 원심 분리하고, 6 M NH_4OH로 중화한 후, 3 M $NaC_2H_3O_2$ 또는 3 M $NH_4C_2H_3O_2$ 약 20방울을 가한 다음, 물로 약 3배 가량 묽힌다. 이 때 빨간색으로되면 가열하고, 빨간색으로 변하지 않을 때에는 3 M $FeCl_3$ 2~3방울을 가하여 빨간색으로 되게 하고 3분 동안 끓여서 곧 원심 분리하여 PO_4^{3-}를 $FePO_4$로, 과량의 Fe^{3+}를 $Fe(OH)_2C_2H_3O_2$로 침전시켜 제거한다. 제 4족과 PO_4^{3-}이 제거된 용액을 끓여서 약 2 mL로 농축한 다음(또는 5족 혼합 연습액 10방울), 6 M NH_4OH를 가하여 알칼리성으로 하고, 1 M $(NH_4)_2CO_3$ 5방울을 가한다. 물중탕 속에서 가온한 다음 침전의 완결을 확인하고 원심 분리한다. 침전은 1 M $(NH_4)_2CO_3$ 1방울을 포함한 물 1 mL로 씻는다.(주 1)</td></tr>
<tr><td colspan="3">[침전 1. $BaCO_3$, $SrCO_3$, $CaCO_2$(전부 흰색)]
침전을 소량의 6 M $HC_2H_3O_2$ 3~4방울에 녹인 다음, 증발 건조하고, 침전에 6 M $HC_2H_3O_2$ 1방울, 3 M $NaC_2H_3O_2$ 6방울, 물 3방울의 혼합액을 가하여 녹이고, 가온하면서 0.2 M K_2CrO_4 5~6방울을 가하여 흔들어 주면서 약 3분간 가온한 다음, 원심 분리한다.(주 2)</td><td rowspan="3">[상층액 1]
제 6족의 시료 용액</td></tr>
<tr><td rowspan="2">[침전 2. $BaCrO_4$(노란색)]
(1) 침전 일부를 6 M HCl에 가온하여 녹이고,6 M H_2SO_4를 가할 때 흰색 $BaSO_4$가 생기면 Ba^{2+}이 존재한다.
(2) 침전 일부를 물 2방울로 씻고 c-HCl에 적신 Pt선으로 불꽃반응을 하였을 때 푸른색이 나타나면 Ba^{+}이 존재한다.(주 3)</td><td colspan="2">[상층액 2. Sr^{2+}, Ca^{2+}, (CrO_4^{2-})]
c-NH_4OH를 가하여 알칼리성이 되게 하고, 약하게 가온하여 잘 흔들어 주면서 약 반 량의 알코올을 가하여, 냉각 후 원심 분리한다.(주 4)</td></tr>
<tr><td>[침전 3. $SrCrO_4$(황색)]
[Sr^{2+}의 검출]
침전 일부를 c-HCl에 적신 Pt선으로 불꽃 반응을 하였을 때 홍색이 나타나면 Sr^{2+}이 존재한다.(주 5)</td><td>[상층액 3. Ca^{2+}]
[Ca^{2+}의 검출]
물을 가하여 2배로 묽게한 다음, 가온하면서 $(NH_4)_2C_2O_4$ 3방울을가하여 방치한다. 냉각후 침전이 생기면 원심 분리하고 침전을 물 2방울로 씻고 세척액과 상층액은 버린다. 침전에 d-H_2SO_4 5방울 및 알코올 1방울의 혼합액을 가하여 방치할 때 백색 침전 $CaSO_4$가 생기면 Ca^{2+}이 존재한다.(주 6)</td></tr>
</table>

주 1. ① S 및 미량의 NiS가 함유되어 있고, 또 H_2S도 녹아 있으므로, HNO_3를 가하여 산성으로 하고, 가열하여 H_2S를 제거하고, 또 S, NiS를 없앤다.

② PO_4^{2-}이 있으면, NH_4OH를 가하여 알칼리성으로 할 때, Mg 및 Ca의 인산염이 침전되어 방해되므로, PO_4^{2-}를 제거해야 한다.

③ PO_4^{2-}은 Fe^{3+}와 결합하여 불용성 황색 침전 $FePO_4$가 된다. 그리고 이 $FePO_4$ 침전은 NaAc 또는 NH_4Ac과 공존할 때만 정량적으로 침전한다. 그러나 과량의 Ac^-염에는 도리어 침전이 녹는다.

④ 이 용액이 Fe^{3+}를 함유하고 있으므로, Fe^{3+}를 가하여 주지 않아도 적혈색 침전($FePO_4$와 $Fe(OH)_3$의혼합물)이 생길 것이다. 만약 생기지 않으면 $FeCl_3$를 가해 준다.

⑤ $FeCl_3$를 가하여 줄 경우에는 PO_4^{2-}은 완전히 제거되어도 과량의 Fe^{3+}이 남을 것이다. 이 과량의 Fe^{3+}는 가열할 때 Ac^-과 작용하여 염기성 아세트산철로 되어 침전된다. 만일 또 남아 있는 Fe^{3+}은 나중에 NH_4OH를 가하여 알칼리성으로 할 때 침전하므로 제거된다.

⑥ NH_4OH 알칼리성에서 $(NH_4)_2CO_3$를 가하면 Ca^{2+}, Sr^{2+}, Ba^{2+}은 탄산염으로 침전하고 제 5족인 Mg^{2+}, Na^+, K^+은 용존한다. Mg^{2+}은 공통 이온의 영향으로 침전하지 못한다.

⑦ 탄산염은 가열할 때 잘 석출되지만, 이 때 과량의 $(NH_4)_2CO_3$에 녹으므로, 냉각할 때 원심 분리한다.

주 2. ① $BaCO_3$, $CaCO_3$, $SrCO_3$에 HAc를 가하면 탄산염은 분해되어 Ca^{2+}, Sr^{2+}, Ba^{2+}이 된다.

② 여기에 K_2CrO_4를 가하면 Ba^{2+}만 $BaCrO_2$로 침전한다. Ca^{2+}, Sr^{2+}은 산성 용액에서는 침전하지 않는다.

③ $BaCrO_4$는 산성이 강해지면 점차 녹게 되므로, 약산인 HAc에도 조금 녹게 된다. 그러므로 NaAc를 가하여 HAc의 전리를 억제해야 한다.

④ K_2CrO_4는 다음 Sr^{2+}의 검출에 필요하며, $BaCrO_4$의 침전을 완결시키기 위하여 좀 많이 가한다.

주 3. $BaCrO_4$는 HCl에 녹아서 Ba^{2+}으로 되어 SO_4^{2-}과 백색 침전 $BaSO_4$를 만든다.

주 4. 상층액 18에는 Sr^{2+}, Ca^{2+}, CrO_4^{2-}이 있으며, HAc산성이다. 여기에 NH_4OH를 가하여 알칼리성으로 하면, Sr^{2+}과 CrO_4^{2-}이 반응하여 $SrCrO_4$가 생성된다. 이 $SrCrO_4$는 물에 상당히 잘 녹으므로 Sr^{2+}의 농도가 적을 때는 침전하지 않으나, 알코올을 가하면 완전히 침전한다. $CaCrO_4$는 침전되지 않는다.

주 5. 불꽃반응은 반드시 휘발성이 좋은 염화물로 변하여야 한다.

주 6. ① 상층액 3에는 Ca^{2+} 이외에 미량의 Ba^{2+} 및 Sr^{2+}이 있다.

② 여기에 $(NH_4)_2C_2O_2$를 가하면 Ca^{2+}는 백색 침전 CaC_2O_4가 되고 가온하면 결정이 커져서 원심 분리하기 쉽다.

③ 이때 Sr^{2+}도 SrC_2O_4로 되므로 침전이 SrC_2O_4인지 또는 CaC_2O_4인지를 반드시 확인해야 한다.

④ d-H_2SO_4와 소량의 알코올과의 혼합액을 가하면, CaC_2O_4는 녹을 것이며, SrC_2O_4는 $SrSO_4$로 되어 침전된다.

⑤ 다음에 다량의 알코올을 가하면 Ca^{2+}은 $CaSO_4$의 백색 침전으로 된다.

⑥ 이것은 묽은 알코올에 대한 $SrSO_4$와 $CaSO_4$의 용해도의 차를 이용한 것이다.

MEMO

실험28_양이온 제 5족 정성분석

결과 보고서

1. 양이온 제 5족의 각개 반응 실험에서 1)~3)의 결과를 화학반응식으로 나타내고 생성물의 색깔을 기록하여라.

2. 양이온 제 5족의 계통 분석 실험에서

1) 표 28-1의 1실험에서 $HC_2H_3O_2$에 녹은 각 이온들에 K_2CrO_4를 가하여 반응시키기 전에 $NaC_2H_3O_2$를 가하여 주는 이유는 무엇인가?

2) 제 5족 이온의 계통 분석에서 탄산염으로 만들 때 Na_2CO_3를 쓰지 않는 이유는 무엇인가? 또 NH_4OH 알칼리성에서 $(NH_4)_2CO_3$를 가하는 이유는 무엇인가?

3. 만일 Mn^{2+}이 제 5족 이온과 혼합되어 있다면 어떻게 되겠는가? 분리가 된다면 그 이유는 어디에 있는가?

4. Ba^{2+}, Ca^{2+}, Sr^{2+}을 CrO_4^{2-}으로 서로 분리할 때 $HC_2H_3O_2$ 대신 HCl을 쓰면 어떻게 되겠는가?

5. 불꽃 반응은 대게 염화물로 실험하는데 그 이유는 무엇인가?

실험28_양이온 제 5족 정성분석

실험 후 고찰

❖ 오늘의 실험을 진행하면서 기대하였던 사항은 무엇인가?

❖ 실험을 진행하면서 기대와 다른 사항은 무엇인가?

❖ 실험 결과가 다른 조에 비하여 다르게 나온 이유는 무엇인가?

❖ 실험을 진행하면서 어려웠던 점은 무엇인가?

❖ 오늘의 실험 결과를 보고 다음에 같은 실험을 한다면 어떠한 점을 개선해야 하는가?

❖ 전반적인 실험 과정에 대하여 조원들끼리 토론하고, 그 사항을 기록하라.

실험 29 음이온 정성분석

실험 목적

각종 음이온들의 정성분석을 통하여 그들의 기본 성질을 이해하고, 정성분석의 기본 지식을 습득한다.

기초 이론

시료 용액을 중성으로 하여 이에 분류 시약으로서 1 M $BaCl_2$ 용액 또는 1 M $AgNO_3$용액을 각각 가하여 침전의 생성 여부를 조사하여, 만일 침전이 생성되면 이러한 침전들이 2 M HNO_3, 2 M HCl, 2 M $HC_2H_3O_2$ 등에 대한 용해성을 실험하여, 그 결과로 다음의 표 29-1과 같이 5개의 족으로 분리한다.

표 29-1 음이온의 용해성

족	음 이 온	중성 용액에 1 M $BaCl_2$를 가한다.			중성 용액에 1 M $AgNO_3$를 가한다.		
		침전 생성	침전의 묽은 산에 대한 용해성		침전 생성	침전의 묽은 산에 대한 용해성	
			2 M HCl	2 M $HC_2H_3O_2$		2 M HNO_3	2 M $HC_2H_3O_2$
1	SO_4^{2-}, SiF_6^{2-}	O	난용	난용	X	–	–
2	F^-, CrO_4^{2-}, SO_3^{2-}, $S_2O_3^{2-}$, $Cr_2O_7^{2-}$, $C_2O_4^{2-}$	O	용해	용해	O	O	
3	CO_3^{2-}, AsO_4^{3-}, AsO_3^{2-}, SiO_3^{2-}, PO_4^{3-}, BO_2^-	O	용해	용해	O	O	O
4	Cl^-, Br^-, I^-, CN^-, ClO^-, $[Fe(CN)_6]^{3-}$, S^{2-}, CNS^-, $[Fe(CN)_6]^{4-}$	X	–	–	O	X	X
5	NO_2^-, NO_3^-, ClO_3^-, $C_2H_3O_2^-$	X	–	–	X	–	–

기구 및 시약

원심 분리기, 시험관, 젓개, 피펫, 리트머스 시험지, 가열기, 물중탕, 시험관 집게

H_2SO_4, Na_2SiF_6, H_2CrO_4, H_2SO_3, Na_2CO_3, Na_3AsO_4, Na_2AsO_3, Na_2SiO_3, NaCl, NaBr, NaI, HClO, $NaNO_2$, $NaNO_3$, $NaClO_3$, $Na_2C_2H_3O$ 등의 음이온 시약

$BaCl_2$, NH_4OH, HCl, $HC_2H_3O_2$, $AgNO_3$, HNO_3

실험 방법

1. 염화 바륨 용액에 의한 분족

<table>
<tr><td colspan="4">중성 시료 용액(주 1)에 1 M $BaCl_2$ 용액을 과량 가하여 가열하고, 다시 NH_4OH 2~3방울을가하여 잠시 가열한다. 침전이 생성되면(주 2) 여과 분리시킨다.(침전이 생기지 않으면 제 1, 2, 3족이 존재하지 않는다.(주 3))</td></tr>
<tr><td colspan="3">[침전 1. 제 1, 2, 3족] 침전의 색깔을 관찰한다.(주 4) 침전에 2 M HCl을 가하여 발생하는 기체를 조사하면서 가열하면 제 2, 3족의 음이온은 용해된다.(주 5) 따라서 여과하여 분리한다.(주 6)</td><td rowspan="3">[상층액 4, 5족]</td></tr>
<tr><td rowspan="2">[침전 2. 제 1족]</td><td colspan="2">[상층액 2. 제 2, 3족] 2 M HCl로서 중화한 후 2~3방울을 과잉으로 더 가하고, 이 용액에 수방울의 $BaCl_2$용액을 넣는다. 그다음 가열한다. 침전이 생성되면 분리하여 침전을 $HC_2H_3O_2$로 용해시킨다. 이때 제 3족만이 용해되어 제 2족과 분리된다.(만일 침전이 생기지 않으면 제 2족은 공존하지 않는다.</td></tr>
<tr><td>[침전 3. 제 2족] SO_3^{2-}, $S_2O_3^{2-}$는 색에 주의할 것.</td><td>[상층액 3. 제 3족] 2 M HN_4OH로서 중화시키고 2~3방울 더 가하여 과잉으로 한 다음 $BaCl_2$용액 수방울을 가하여 준다. 침전이 생성되면 제 3족(CO_3^{2-}, AsO_3^{2-}, SiO_3^{2-}는 없음)이 존재한다.</td></tr>
</table>

주 1. 시료 용액이 알칼리성이면 2 M $HC_2H_3O_2$를 가하여 중화시킨다. 만일 용액이 산성이면 2 M NH_4OH를 가하여 중화시킨다.

주 2. NH_4OH를 가하여 주는 것은 CO_3^{2-}의 침전을 완성시키기 때문이다.

주 3. AsO_3^{3-}는 진한 용액이 아니면 침전하지 않는다. 또한 $S_2O_3^{2-}$는 침전이 되기 불충분하므로 그의 존재의 여부는 다른 방법에 의해 조사할 필요가 있다.

주 4. CrO_4^{2-}(황색) 및 $Cr_2O_7^{2-}$이 있으면 $BaCrO_4$(황색), $BaCr_2O_7$의 유색 침전을 생성한다.

주 5. CO_2, SO_2를 발생하느냐를 관찰하는 것.

주 6. 시료 용액 중에서 SO_3^{2-}, $S_2O_3^{2-}$, CO_3^{2-}가 존재하여도 침전을 2 M HCl로서 처리할 때 SO_2, CO_2를 발생하기 때문에 이들은 분리액 중에는 함유되지 않는다.

2. 질산은 용액에 의한 분족

중성 시료 용액(주 1)에 1 M $AgNO_3$ 용액을 과잉으로 가하여 준 후 물을 넣어 잠시 끓인다. 침전이 생기면 분리시킨다.(주 2) 침전이 전부 용해되면 제 2족(F^-는 제외) 및 제 3, 4족 음이온은 공존하지 않는다.

<table>
<tr><td colspan="2" rowspan="2">[침전 1. 제 2, 3, 4족]
색깔을 관찰(주 3)한 다음 2 M HNO_3와 함께 가열한다. 찌끼가 생성되면 분리한다. 침전이 전부 용해되면 제 4족은 없고 제 2, 3족만이 있다.</td><td colspan="2">[상층액 1. 제 1족 및 제 5족]
2 M NH_4OH 1~2방울을 가하여 준다. 침전이 생기면 분리시킨다.(주 4)</td></tr>
<tr><td rowspan="2">[침전 3]
이 침전은 CO_3^{2-}, AsO_3^{2-}, PO_4^{2-}, BO_2^{2-} 따위의 은염이있을 가능성이 있으므로, 2 M HNO_3을 가해주고 가열하여 용해시켜 상층액 2에 합해준다.</td><td rowspan="2">[상층액 3]
회수통에 버린다.</td></tr>
<tr><td>[침전 2. 제 4족]
색깔을 관찰한다.</td><td>[상층액 2. 제 2, 3족]
침전 3과 합하여 각개 이온을 검출한다.</td></tr>
</table>

주 1. 시료 용액이 알칼리성이면 2 M HNO_3를 가하여 중화시키고, 산성이면 2 M NaOH를 가하여 중화시킨다.

주 2. 제 2족에서 F^-는 전혀 침전하지 않는다. 제 3족의 CO_3^{2-}, AsO_3^{3-}, PO_4^{3-}, SO_3^{2-} 등의 침전은 불완전하므로 이것들이 분리액에 들어올 수도 있다.

주 3. 침전 1 중에는 As_2SO_3의 분해에 의해 생성되는 Ag가 함유되는 경우가 있으므로 색깔 관찰에 있어서 주의해야 한다.

주 4. 상층액 1 중에는 CO_3^{2-}, AsO_3^{3-}, PO_4^{3-}, BO_2^{2-}를 침전시키기 위해 2 M NH_4OH를 가하여 준다.

실험29_음이온 정성분석

결과 보고서

1. $BaCl_2$와 침전 형성하는 음이온은 어떤 것들이 있는가?

2. $AgNO_3$와 침전 형성하는 음이온은 어떤 것들이 있는가?

3. 침전을 형성하지 않는 음이온은 어떤 것들이 있고 이러한 음이온을 가지는 화합물에는 어떤 것들이 있는지 쓰시오.

실험29_음이온 정성분석

실험 후 고찰

❖ 오늘의 실험을 진행하면서 기대하였던 사항은 무엇인가?

❖ 실험을 진행하면서 기대와 다른 사항은 무엇인가?

❖ 실험 결과가 다른 조에 비하여 다르게 나온 이유는 무엇인가?

❖ 실험을 진행하면서 어려웠던 점은 무엇인가?

❖ 오늘의 실험 결과를 보고 다음에 같은 실험을 한다면 어떠한 점을 개선해야 하는가?

❖ 전반적인 실험 과정에 대하여 조원들끼리 토론하고, 그 사항을 기록하라.

실험 30 손난로 만들기

실험 목적

산화 환원 반응을 표면적을 넓힘으로써 빠르게 진행시켜, 그 발열을 확인한다. 간단한 손난로를 제작함으로써 자발적인 반응과 반응열을 이해한다.

기초 이론

쇳덩어리를 공기 중에 방치하면 공기 중의 산소와 반응하여 천천히 녹이 슨다. 이 반응은 자발적인 산화 환원 반응으로써, 발열 반응이다. 자발적인 반응은 Gibbs 에너지로 설명된다. 어떠한 반응의 Gibbs 자유 에너지의 변화량이 0보다 작으면 그 반응은 자발적으로 일어난다. Gibbs 자유 에너지 변화량은 다음 식과 같이 정리할 수 있다.

$$\Delta G = \Delta H - T\Delta S$$

이 식에서 표현하는 ΔG값이 0보다 작기 위해서 다음의 두 가지 사항 중 한 가지를 만족해야 한다.

① $\Delta H < 0$ 이고, $T\Delta S > 0$
혹은
② $\Delta H > 0$ 이지만, $T\Delta S > \Delta H$

①의 조건은 발열반응이다. ΔH는 엔탈피 변화량이다. 쉽게 이해하자면 물질이 가지고 있는 열에너지의 변화량이다. 발열반응은 열에너지를 내어놓는 반응이므로 ΔH 값은 0보다 작아진다. T는 절대 온도이므로 언제나 0보다 크다. ΔS는 엔트로피 변화량으로써 무질서도의 증가를 말한다. 무질서도가 증가하는 한 이 값은 언제나 0보다 크다. 이 조건은 거의 모든 발열 반응은 자발적으로 일어난다는 뜻이 된다. 다른 한편으로는 자발적으로 일어나는 상당수의 반응이 발열반응일 것이라는 것을 예측할 수도 있게 한다.

②의 조건은 흡열반응이다. 흡열반응이 일어나기 위해서는 $T\Delta S > \Delta H$를 만족해야 한다. 즉 흡열로 인해서 커지는 엔탈피보다 더 크게 엔트로피가 증가해야 한다. 또한 곱해주는 T값도 커야 한다. 이 조건은 온도는 높을수록, 반응 후 생성물은 무질서도가 커질수록 흡열반응이 자발적으로 일어난다는 뜻이다. 한 개의 반응물이 쪼개져서 두 개의 생성물이 만들어지면 무질서도가 2배 증가하는 것이다. 즉 무질서도가 증가한다. 흡열반응도 결국 온도가 높을수록 잘 일어난다.

모든 화학 반응은 이렇게 에너지의 입출입이 있는 반응이다. 철의 산화반응은 발열반응으로써 자발적인 반응이다. 하지만 우리는 철이 산화되면서, 즉 녹슬면서 열이 나오고 있다는 사실을 망각한다. 이는 철의 산화반응이 너무나 느리게 진행되어 열도 천천히 아주 조금씩 배출되기 때문에 감지가 불가능하기 때문이다. 이 반응을 빠르게 진행시킨다면 발열반응에 의해 발생하는 열도 한 번에 많이씩 방출될 것이고, 그 온도는 손을 데일 정도로 높은 온도가 되어 버린다.

철의 산화 반응 속도를 빠르게 하기 위하여 산소와의 반응 면적을 넓혀본다면 효과가 있을 것이다. 이것은 반응 속도를 빠르게 하기 위한 조건들 중 농도를 변화시키는것에 해당한다. 공기 중의 산소와의 접촉 면적이 많아지는 것은 반응물의 농도가 커지는 것에 해당한다. 접촉 면적을 넓히기 위하여 철을 가루 형태로 퍼트려 놓으면 그 반응 속도는 매우 빨라진다. 공기 중에 비산시키고 불꽃을 가까이 하면 폭발하기까지 한다. 폭발은 매우 빠른 반응에 해당한다. 반응속도를 빠르게 하기 위하여 소금물이라는 촉매를 이용하면 더 효과적이다. 그러나 철가루가 너무 빠르게 반응한다면 발화하거나 폭발할 수 있으므로 그 속도를 적당히 조절하기 위하여 철가루의 입자 크기를 적절하게 할 필요가 있으며, 활성탄과 톱밥으로 반죽할 필요가 있다. 다행이 아주 고운 철가루를 비산시키고 불꽃과 가까이 하지 않는 한 폭발의 위험은 거의 없다.

유 의 사 항

철보다 반응성이 큰 원소들(예를 들어 아연, 알루미늄 등등)의 경우 고운 분진 형태는 폭발의 위험이나 발화의 위험이 크므로 매우 조심해야 한다.

손난로에는 철가루와 약간의 소금물을 스며들게 한 활성탄, 톱밥 등이 들어 있다. 이들 성분이 공기 중에 노출되면 즉시 산화되기 시작한다. 이 속도를 빠르게 하면 매우 뜨거워질 터이고, 속도를 느리게 하면 적절한 온도를 유지할 것이다. 철분이 전부 산화되고 나면 더 이상은 발열하지 않으므로, 그때 손난로의 수명은 다한 셈이다. 손난로 제조업자들은 적당한 온도로 장시간 반응이 지속될 수 있도록 철분의 미세도와 양, 소금물 양 등을 조절하고 있다.

철의 발열반응은 다음의 식으로 설명할 수 있다.

$$4Fe + 3O_2 \rightarrow 2Fe_2O_3 + \text{Heat} \quad \Delta H = -1648.4 \text{ kJ/mol}$$

손난로의 온도는 시간당 발열량과, 손난로의 열용량, 그리고 손난로가 공기 중에 노출되어 시간당 빼앗기는 열량에 따라 달라질 것이다. 총 발열량은 사용한 철(Fe)의 양에 따라 일정하겠지만, 만드는 손난로의 열 용량은 손난로의 크기, 사용한 활성탄, 톱밥, 소금물의 양과 습도 등등의 많은 변수에 따라 달라지며, 손난로 주위의 온도에 따라서 시간당 빼앗기는 열량도 틀려지겠지만, 쉽게 추측할 수 있는 점은 반응 속도가 빠를수록 손난로는 뜨거울 것이라는 점이겠다.

기구 및 시약

천(부직포의 가제 혹은 커피 여과지 등), 톱밥, 비커, 온도계
300 메쉬 정도의 철가루, 활성탄, 5 % 소금물
(철가루는 미세도 300 메쉬 정도면 좋다. 너무 고운 철가루는 이미 산화되어 있을 확률이 높다. 철가루의 색이 회색이나 검정색이 아니라 붉은 기운이 감돈다면 산화철이므로 효과가 없다)

유 의 사 항

실험 종료 후 반응물의 반응이 계속 진행하여 발화하는 일이 있다. 담당 교수의 지시에 따라 처리한다.

실험 방법

1. 시중 판매하는 일회용 포켓 난로 검사

① 시중에서 판매하고 있는 일회용 포켓 난로의 성분 표시를 본다.

② 또한 포대를 열어 내용물을 본다. 철분이 들어 있다는 사실은 자석에 붙는 것으로 알 수 있다.

2. 철가루의 발열반응

① 비커에 활성탄 15 g을 준비한다.

② 5 % 소금물 약 8 mL를 가하고 혼합하여 활성탄에 식염수가 스며들게 한다.

③ 철분 약 5 g을 섞고 온도 변화를 관찰한다.

3. 일회용 포켓 난로 제작

① 세로 12 cm, 가로 17 cm 정도의 천을 절반으로 접어 기워서 주머니를 만든다. 활성탄이 새어 나오지 않을 정도의 천이어야 한다. 두터운 한지도 적합하다.

② 5 % 소금물 8 mL를 혼합한 활성탄 15 g을 주머니에 넣는다.

③ 철분 약 30 g을 넣는다.

④ 주머니 입구를 막고 잘 흔들면 따뜻해진다. 반응이 너무 빨리 진행될 수 있으므로 화상에 주의한다.

⑤ 이 천 주머니를 폴리에틸렌 봉지에 넣고 밀폐하여 공기의 공급을 차단하면 따뜻해지지 않는다. 하지만 활성탄에 흡착한 공기가 반응하므로 약간은 따뜻하다.

실험30_ 손난로 만들기

결과 보고서

1. 자발적으로 일어나는 흡열반응에는 어떠한 것이 있는지 알아본다.

2. 무질서도가 증가하는 반응에는 어떠한 것이 있는지 알아본다.

3. 손난로의 온도를 높이기 위한 철가루 : 활성탄 : 소금물 : 톱밥의 최적의 비율은 얼마인지 최적의 조합을 기록하라.

4. 실험 결과 손난로의 최고 온도와 지속 시간을 기록하라.

실험30_손난로 만들기

실험 후 고찰

❖ 오늘의 실험을 진행하면서 기대하였던 사항은 무엇인가?

❖ 실험을 진행하면서 기대와 다른 사항은 무엇인가?

❖ 실험 결과가 다른 조에 비하여 다르게 나온 이유는 무엇인가?

❖ 실험을 진행하면서 어려웠던 점은 무엇인가?

❖ 오늘의 실험 결과를 보고 다음에 같은 실험을 한다면 어떠한 점을 개선해야 하는가?

❖ 전반적인 실험 과정에 대하여 조원들끼리 토론하고, 그 사항을 기록하라.

부 록

• 물(H_2O)의 증기압

온도(℃)	증기압(mmHg)	온도(℃)	증기압(mmHg)	온도(℃)	증기압(mmHg)
−10(얼음)	1.0	22	19.8	50	92.5
−5(얼음)	3.0	23	21.1	60	149.4
0	4.6	24	22.4	70	233.7
5	6.5	25	23.8	80	355.1
10	9.2	26	25.2	90	525.8
15	12.8	27	26.7	100	760.0
16	13.6	28	28.3	110	1,074.6
17	14.5	29	30.0	150	3,570.5
18	15.5	30	31.8	200	11,659.2
19	16.5	35	42.2	300	64,432.8
20	17.5	40	55.3		
21	18.6	45	71.9		

• 물(H_2O)의 밀도 (g/mL)

온도(℃)	0	1	2	3	4	5	6	7	8	9
−10	0.99815	0.99843	0.99869	0.99802	0.99912	0.99930	0.99945	0.99958	0.99970	0.99979
0	0.99987	0.99993	0.99997	0.99999	1.00000	0.99999	0.99997	0.99993	0.99988	0.99981
10	0.99973	0.99963	0.99952	0.99940	0.99927	0.99913	0.99897	0.99880	0.99862	0.99843
20	0.99823	0.99802	0.99780	0.99756	0.99732	0.99707	0.99681	0.99654	0.99626	0.99597
30	0.99567	0.99537	0.99505	0.99437	0.99440	0.99406	0.99371	0.99336	0.99299	0.9922

• 산 용액 만들기

시 약 명	화 학 식	조 제 법
c-Hydrochloric acid d-Hydrochloric acid	12 N HCl 6 N HCl	시판 염산(비중 1.18, 37.2 %)을 그대로 사용한다. 시판 염산 50 mL + 물 →100 mL
c-Sulfuric acid d-Sulfuric acid	36 N H_2SO_4 6 N H_2SO_4	시판 황산(비중 1.84, 96~97 %)을 그대로 사용한다. 시판 황산 16.7 mL + 물 →100 mL
c-Nitric acid d-Nitric acid	16 N HNO_3 6 N HNO_3	시판 질산(비중 1.42, 69.8 %)을 그대로 사용한다. 시판 질산 37.5 mL + 물 →100 mL
glacial Acetic acid d-Acetic acid	17 N $HC_2H_3O_2$ 6 N $HC_2H_3O_2$	시판 아세트산(99 %)을 그대로 사용한다. 시판 아세트산 35 mL + 물 →100 mL
c-Phosphoric acid d-Phosphoric acid	15 N H_3PO_4 6 N H_3PO_4	시판 인산(비중 1.7, 85 %)을 그대로 사용한다. 시판 인산 23 mL + 물 →100 mL